Nkemaja Dydimus Efeze

Aplicação de corantes naturais em tecido misto sida rhombifolia

Nkemaja Dydimus Efeze

Aplicação de corantes naturais em tecido misto sida rhombifolia

Um guia prático sobre aplicação e teste de semente de abacate e madeira de sândalo vermelho em tecido misto sida rhombifolia

ScienciaScripts

Imprint

Any brand names and product names mentioned in this book are subject to trademark, brand or patent protection and are trademarks or registered trademarks of their respective holders. The use of brand names, product names, common names, trade names, product descriptions etc. even without a particular marking in this work is in no way to be construed to mean that such names may be regarded as unrestricted in respect of trademark and brand protection legislation and could thus be used by anyone.

Cover image: www.ingimage.com

This book is a translation from the original published under ISBN 978-620-7-48832-2.

Publisher:
Sciencia Scripts
is a trademark of
Dodo Books Indian Ocean Ltd. and OmniScriptum S.R.L publishing group

120 High Road, East Finchley, London, N2 9ED, United Kingdom
Str. Armeneasca 28/1, office 1, Chisinau MD-2012, Republic of Moldova, Europe
Printed at: see last page
ISBN: 978-620-7-61901-6

RESUMO

As considerações ambientais e o interesse comercial em corantes naturais ganharam proeminência na indústria contemporânea de transformação de têxteis. Embora os corantes naturais tenham sido explorados a partir de uma variedade de plantas, tais como açafrão-da-terra, beterraba, casca de cebola, espinafre e uma série de outras que crescem nos Camarões, alguns destes corantes naturais não têm substância para tecidos de celulose, pelo que requerem a assistência de um mordente durante a sua aplicação. A este respeito, o "Estudo espetrofotométrico UV-Vis da absorção de corantes naturais no tecido misturado de sida-rhombifolia" teve como objetivo desenvolver um método de extração de corantes de madeira de sândalo vermelho e de sementes de abacate, tingir o tecido misturado de sida-rhombifolia (SRBF) utilizando os corantes extraídos e realizar estudos espectrofotométricos ultravioleta-visíveis sobre a absorção do corante. O método de extração com solvente (etanol e acetona) foi considerado adequado para a extração do corante a partir de formas em pó. Com o objetivo desta investigação científica sobre plantas que produzem corantes naturais nos Camarões, os corantes extraídos foram isolados após evaporação em preparação para o tingimento. A concentração desconhecida do analito foi determinada utilizando uma curva de calibração. Os SRBF foram tingidos numa solução aquosa de banho de corante e a absorvância foi obtida de 30 em 30 minutos do processo de tingimento durante um período determinado de 180 minutos, utilizando um comprimento de onda concebido. Assim, a absorvância/esgotamento dos corantes foi determinada, a caraterização foi efectuada através da realização de isotérmicas de absorção cinética/equilíbrio e de absorção termodinâmica. As propriedades de solidez (à luz, à lavagem e à fricção) foram outro fator investigado. Os valores de $R^2 = 0,9669$ para RSW e $R^2 = 0,9895$ para AS que acompanharam nossa curva de calibração foram considerados bons, mostrando a precisão da concentração conhecida. O tingimento com o corante RSW exibiu uma melhor taxa de absorvância com formação de cor vermelha unificada, enquanto o tingimento com o corante AS produziu uma paleta de tons de pêssego. Mais ainda, os estudos cinéticos e termodinâmicos dos corantes de madeira de sândalo vermelho têm uma taxa de tingimento mais elevada e o valor de afinidade mais elevado de 28,3KJ/mol^{-1} a 80°C para SRBF do que para sementes de abacate, mas ambos os corantes são adequados para tingir SRBF. A entalpia e a entropia do tingimento também foram consideradas positivas para ambos os corantes. Os resultados do estudo mostraram que as plantas naturais dos Camarões têm um potencial considerável para aplicação como fonte de corante natural.

Palavras-chave: tecido de sida-rhombifolia, corantes, espetrofotometria, madeira de sândalo vermelho, caroço de abacate, absorvância, exaustão, cinética, equilíbrio, termodinâmica.

ÍNDICE DE CONTEÚDO

LISTA DE ABREVIATURAS

C_e equilibrium RR-120 concentration (mg/L)

C_0 initial concentration of RR-120 (mg/L)

CS   colour stain

CC   colour change

DDW   Drum Displacer washer

ΔG Gibbs free energy

ΔH enthalpy

ΔS entropy

D_s dye in solution

D_f dye absorbed by the fabric

$\Delta\mu$ dye affinity

$\lambda\mathbf{max}$ lambda max

R   universal gas constant

R   coefficient of determination

$T_{1/2}$ half dyeing time

k_1 PFO rate constant (1/min)

k_2 PSO rate constant (g/mg min)

K   constant related to sorption energy (mol2/J2)

K_c distribution constant

K_f Freundlich constant (mg/g)

KL   equilibrium constant of Langmuir model (L/mg)

M   mass of the adsorbent (g)

Mg   miligrams

Ml   mililiter

N   number of performed experiments (v2 analysis)

n   Freundlich exponent

1/n   heterogeneity factor

q_e amount of dye adsorbed (mg/g)

q_e,   exp experimental equilibrium sorption uptake (mg/g)

q_e1,   qe2 amount of dye adsorbed at equilibrium (mg/g)

q_t adsorption uptake at time t (mg/g)

q_s Theoretical isotherm saturation uptake (mg/g)

R   universal gas constant (8.314 kJ/mol K)

T   temperature in Kelvin

V   volume of dye solution (L)

W o f weight of fabric

UAE Ultrasonic assisted extraction

PPO exogenous polyphenol oxidase

t   time

Eq equation

AS avocado seed

RSW red sandal wood

SRBF sida-rhombifolia blended fabric

INTRODUÇÃO GERAL

A Índia tem uma rica biodiversidade dos doze países de mega diversidade do mundo, com aproximadamente 490 000 espécies de plantas, das quais cerca de 17 500 são angiospérmicas, mais de 400 são espécies de culturas domesticadas adequadas para a produção de corantes naturais para aplicações têxteis (SANCHIHER & BABEL, 2017). Os corantes naturais abrangem todos os corantes e pigmentos derivados de plantas, insectos e minerais, ou seja, derivados de recursos naturais. Assim, o tingimento com corantes naturais é uma das técnicas mais antigas praticadas pelas civilizações antigas. Os Camarões são ricos em plantas naturais, mas os recursos para a exploração destas plantas para tingimento na indústria têxtil dos Camarões são limitados. Esta limitação permite, por conseguinte, uma maior utilização de corantes sintéticos feitos a partir de compostos químicos que são tóxicos e prejudiciais para o ambiente e para os seres humanos. Não há dúvida de que o reino vegetal é um tesouro de diversos produtos naturais; um desses produtos da natureza é o corante. Existe uma ampla margem para explorar e reavivar a aplicação de corantes naturais nos têxteis. Hoje em dia, os corantes naturais são vulgarmente utilizados nas indústrias têxteis, devido aos seus efeitos inofensivos e às consequências nocivas dos corantes sintéticos (Ado *et al.*, 2014) e uma das formas mais adequadas de identificar os componentes destes efeitos inofensivos que dizem respeito aos corantes naturais é a utilização do estudo espetrofotométrico UV-VIS.

Os corantes naturais são derivados de recursos naturais e baseiam-se na sua fonte de origem; estes são amplamente classificados como corantes vegetais, animais, minerais e microbianos, embora as plantas sejam as principais fontes de corantes naturais. Historicamente, as plantas têm sido utilizadas para a extração da maioria dos corantes naturais. Várias partes de plantas, incluindo raízes, folhas, galhos, caules, cascas, aparas de madeira, flores, frutos, cascas, cascas e outras fontes organicas, como fungos e líquenes, servem como fontes de corantes naturais (Babel *et al.*, 2015).

O tingimento é uma arte antiga, anterior aos registos escritos. A sua prática pode ser rastreada até à civilização egípcia com técnicas de tingimento primitivas que incluem: colar plantas ao tecido ou esfregar pigmentos esmagados no tecido. O método tornou-se mais sofisticado com o tempo, as técnicas que utilizavam corantes naturais de frutos esmagados, barreiras e outros materiais vegetais que eram cozidos no tecido desenvolveram mais tarde métodos de realização de testes de resistência à luz e à água

(Jothi, 2008), (Babel *et al.*, 2015). Alguns destes testes foram obtidos a partir da utilização do estudo espetrofotométrico UV-Vis de corantes naturais que proporcionam uma maior absorção de UV nos tecidos em que são utilizados. O tingimento com corantes naturais tem tido uma importância incalculável nas nossas vidas há milhares de anos, proporcionando não só satisfação estética, mas também usos utilitários. A maioria dos corantes naturais necessita de um produto químico mordente (de preferência um sal metálico ou agentes formadores de complexos adequadamente coordenados) para criar uma afinidade entre a fibra e o corante, uma vez que a maioria dos corantes naturais não tem qualquer efeito substantivo na celulose ou noutras fibras têxteis sem a utilização de um mordente (P. Samanta, 2020). Os corantes naturais fornecem um componente integral na sociedade moderna e na estrutura física conhecida pelo conforto humano e sustentabilidade, porque o homem é um amigo da moda na natureza, tendo um desejo de melhor vestuário resulta no desenvolvimento do processo de produção de corantes naturais têxteis. O abacate (*persea Americana lauraceae*) é uma cultura tropical rica em ácidos gordos insaturados, fibras, vitaminas e outros nutrientes. A variedade Hass é a mais comummente cultivada e as suas sementes produzem uma cor laranja brilhante quando moídas com água e incubadas na presença de ar. As sementes de abacate representam 16% do peso total, sendo utilizadas contra a diabetes, inflamações e irregularidades gastrointestinais. Tem maior atividade antioxidante e teor de polifenóis e também várias classes de compostos naturais *proantocianidinas* e polifenóis (Dabas et al., 2011). A madeira de sândalo vermelho (*pterocarpus santalinus)* é uma espécie de *Pterocarpus* endémica da cordilheira meridional dos Ghats Orientais do Sul da Índia, da família das *Fabaceae*, que contém cinco componentes corantes que vão do violeta ao laranja, sendo o vermelho natural *santalina* 22 e o vermelho natural *desoxisantalina* 23 os seus principais componentes corantes. *O Pterocarpus santalinus* é utilizado numa variedade de fins, como a medicina tradicional à base de plantas, tinturaria, construção de pontes, funilaria e muitos outros.

A *Sida-rhombifolia* é uma planta natural da família Malvaceae com importância medicinal, uma vez que contém compostos biologicamente activos utilizados no tratamento de doenças como úlceras, inflamações, feridas, etc. Trata-se de um género grande com cerca de 200 espécies, como a *sidaacuta, a sidaainifolia e a sidacordifolia*, distribuídas por todo o mundo e utilizadas popularmente na medicina tradicional (Dydimus Efeze *et al.*, 2012). A presença de compostos fitoquímicos, como *glicosídeos*, *saponinas* e *esteróides,* comprova a sua natureza medicinal (Efeze et al., 2018). *A Sida-rhombifolia* é uma fibra natural para artigos têxteis, boa para a inovação do conhecimento estético artístico e criativo dos desenhos quando tingida. Com base nessas razões, nós internamos para estudar **os estudos espectrofotométricos UV-Vis de absorção de corante natural em um tecido misturado de sida-rhombifolia.**

CONTEXTO

Muitas empresas têm cultivado plantas que podem ser extraídas e aplicadas como corantes naturais em tecidos naturais, porque os corantes naturais têm cumprido as normas específicas rotuladas como amigas do ambiente e oferecem uma série de benefícios para a utilização humana. Várias partes de plantas, incluindo raízes, folhas, ramos, caules, cascas, aparas de madeira, flores, frutos, cascas e outras fontes orgânicas, servem como fontes de corantes naturais, mas esta investigação centrou-se nos corantes naturais provenientes de sementes e caules de plantas. A relevância deste estudo confere um significado simbólico e uma identidade ao consumo doméstico de tecidos. A importância filosófica deste estudo é compensar a limitação do uso de corantes naturais e encorajar a atitude de explorar e fazer uso dos produtos naturais do nosso país no sector têxtil. Esta investigação concentra-se apenas na utilização de corantes naturais num tecido natural destinado a produzir um design de tecido estético inovador adequado para aplicações têxteis e consumo individual.

DECLARAÇÃO DO PROBLEMA

A libertação de resíduos nocivos durante o fabrico de corantes sintéticos e a sua utilização causa graves problemas de saúde devido aos produtos químicos tóxicos associados ao processo de tingimento. Estes resíduos não prejudicam apenas o ambiente, mas têm um efeito nocivo nos seres humanos, causando poluição da água, perturbações do equilíbrio ecológico e até mesmo o aquecimento global. Alguns países como a Alemanha, os EUA e mesmo o Reino Unido proibiram a utilização de corantes azóicos, que produzem 22 aminas altamente letais. Estes factores afectam a maioria dos comerciantes, consumidores e fornecedores que, atualmente, se concentram na utilização de produtos ecológicos com menos efeitos no ambiente e nos seres humanos. As vantagens e desvantagens associadas à sua produção e utilização obrigaram os tintureiros a procurar fontes alternativas, nomeadamente corantes naturais. A Sida-rhombifolia, vulgarmente conhecida como sida-folha-de-flecha, é uma planta perene ou, por vezes, anual da família Malvaceae, utilizada significativamente para aplicações medicinais. Foram efectuadas algumas investigações sobre a sua extração para a obtenção de fibras naturais para a indústria têxtil. Estas fibras, que são utilizadas no fabrico de linhas de pesca no Níger, grandes redes de caça na República Centro-Africana e cordas para amarrar lenha nos Camarões, revelam as suas semelhanças com as fibras de juta, cânhamo e kenaf (fibras do caule), mas a diferença reside no seu valor medicinal (Mejouyo *et al.*, 2020). Foram feitas tentativas para amolecer a fibra utilizando enzimas adequadas para que possa ser utilizada em tecidos. O tecido misturado de Sida-rhombifolia, que foi submetido a alguns testes como o rastreio fitoquímico, investigando a atividade antibacteriana com a utilização de etanol e solvente com resultados positivos obtidos, é uma das fibras naturais recentemente introduzidas no mercado têxtil, mas não foi explorada na maioria dos campos da indústria têxtil. A pesquisa bibliográfica indica que nenhum trabalho foi relatado no campo da extração e tingimento de tecido misturado de sida-rhombifolia com a utilização de corantes naturais. É então importante **identificar os estudos de absorvância/exaustão, cinética/equilíbrio e termodinâmica do tecido de mistura de Sida-rhombifolia com a utilização do espetrofotómetro UV-Vis.**

OBJECTIVOS DO ESTUDO

O principal objetivo desta investigação é estudar os estudos espectrofotométricos UV-Vis da absorção de corantes naturais num tecido de mistura sida-rhombifolia (SRBF).

A. OBJECTIVO ESPECÍFICO

+ Desenvolver métodos de extração de corantes naturais a partir de sementes de abacate (*persea americana*) e de madeira de sândalo vermelho (*pteracopus santalinus*).
+ Tingir tecidos mistos de sida-rhombifolia utilizando corantes naturais extraídos.
+ Efetuar um estudo espetrofotométrico UV-VIS da absorção de corantes naturais num tecido de mistura de sida-rhombifolia.

B. QUESTÕES DE INVESTIGAÇÃO

1.   Quais são os vários métodos de extração de corantes naturais adequados para tingir um sida-

Tecido de mistura Rhombifolia?

2. Que qualidades justificam que o processo seja adequado para tingir um tecido de mistura de sida-rhombifolia

utilizar corantes naturais?

3. Quais são as possibilidades de efetuar um estudo espetrofotométrico UV-VIS de

absorção de corantes num tecido de mistura sida-rhombifolia?

C. HIPÓTESE DE INVESTIGAÇÃO

H0 Podem ser extraídos corantes naturais de sementes de abacate e de Bahia Nitida (madeira de campa)

H1Não é possível extrair corantes **naturais** das sementes de abacate e da Bahia Nitida

H0A coloração e a mordedura do tecido podem ser métodos adequados para tingir um tecido misturado de sida-rhombifolia

H1A coloração e a mordedura do tecido não podem ser métodos adequados para tingir um tecido misturado de sida-rhombifolia.

H0O ensaio de **absorvância/exaustão** pode ser efectuado com a utilização de um espetrofotómetro UV-Vis.

H1 O ensaio de absorvância/exaustão não pode ser realizado com a utilização de um espetrofotómetro UV-Vis

SIGNIFICADO DO ESTUDO

O tema desta investigação "**O estudo espetrofotométrico UV-Vis da absorção de corantes naturais num tecido de mistura de sida-rhombifolia**". Consiste num método misto de abordagem experimental/analítica que nos ajudará a avaliar a qualidade de absorção de um novo tecido natural que está a entrar na indústria têxtil, uma vez que os tecidos naturais acabam por ser mais respiráveis e confortáveis de usar do que os tecidos sintéticos. Isto ajudará a reduzir, se não acabar, com as contaminações ambientais causadas por corantes sintéticos e também ajudará a mudar a perceção dos indivíduos que empregam mais atenção e atração em tecidos tingidos com corantes sintéticos para adoptarem o uso de tecidos não tóxicos e amigos do ambiente tingidos com corantes naturais.

PLANO DE TRABALHO

Esta tese de investigação é composta por três capítulos;

➢ O Capítulo 1 revê o enquadramento teórico e concetual do estudo por autoridades e investigadores da indústria têxtil e dá conta do que foi publicado sobre métodos de extração de corantes naturais, tingimento com a utilização de corantes naturais, estudos espectrofotométricos UV-VIS por académicos e investigadores acreditados.

➢ O capítulo 2 apresenta a montagem de materiais e métodos utilizados; a extração de corantes, a identificação dos componentes que interessam ao tingimento, o desenvolvimento de métodos de tingimento, o tingimento de um tecido misturado de sida-rhombifolia, a realização de um estudo espetrofotométrico UV-Vis sobre a absorção do corante natural e a obtenção das propriedades de solidez do tecido tingido.

➢ O capítulo 3 apresenta os resultados dos testes de desempenho dos extractos corantes do caroço de abacate e da madeira de sândalo vermelho, o PH e as características de absorção dos extractos corantes no espetrofotómetro UV-VIS. Apresenta-nos também a discussão sobre a taxa de validação e a perspetiva do estudo.

CAPÍTULO UM

REVISÃO DA LITERATURA

1.1 INTRODUÇÃO

A palavra "corante" é utilizada em quase todas as disciplinas da arte e da moda. Os corantes têm sido extraídos de recursos naturais desde a antiguidade: a utilização de **corantes naturais** não coloca problemas em termos de eliminação de resíduos e pode proporcionar um acabamento natural aos têxteis (Prabhu & Bhute, 2012). A cor sempre atraiu a atenção dos seres humanos. A definição de uma cor e a mudança de tonalidade são, de facto, de importância primordial em muitas áreas, como a tinturaria, as pinturas, as impressões, o vestuário, as fotografias e os ecrãs. Esta tarefa é um desafio porque o olho humano é muito sensível à frequência da luz. Ao longo dos anos, foram efectuadas centenas de investigações com o objetivo de elaborar corantes com propriedades específicas para aplicações específicas. A cor de qualquer objeto colorido provém da luz que este não absorve (Shindy, 2016).

Um corante é geralmente descrito como uma substância colorida que tem uma afinidade com o substrato ao qual está a ser aplicado (Jadhav & PHugare, 2012). Os corantes são geralmente aplicados numa solução aquosa e podem necessitar de um mordente para melhorar a solidez do corante no material em que é aplicado. Basicamente, os corantes são compostos aromáticos e as suas estruturas possuem anéis de arilo que têm sistemas de electrões deslocalizados. Estas estruturas são responsáveis pela absorção de radiações electromagnéticas que têm comprimentos de onda variáveis, com base na energia das nuvens de electrões. É por esta razão que os cromóforos não criam corantes coloridos, mas sim corantes com capacidade de absorver radiação. Os cromóforos actuam através de alterações de energia na nuvem de electrões deslocalizados do corante. Esta alteração resulta invariavelmente na absorção de radiação pelo composto dentro da gama visível de cores e não fora dela. O olho humano detecta esta absorção e responde às cores. Os cromóforos são as configurações atómicas que têm electrões deslocalizados. Geralmente, são representados por carbono, azoto, oxigénio e enxofre. Podem ter ligações simples e duplas alternadas (Shindy, 2016) (P. Samanta, 2020). No entanto, a utilização de corantes naturais para fins de tingimento de têxteis diminuiu em grande medida após a descoberta dos corantes sintéticos em 1856. Como resultado, com uma redução distinta nas costas de corantes sintéticos, os corantes naturais foram praticamente negligenciados no início do século XX (Ado *et al.*, 2014) . Recentemente, o interesse crescente na aplicação de corantes naturais em fibras naturais foi reavivado devido à consciência ambiental a nível mundial. Um número de tinturarias comerciais e pequenas casas de exportação de têxteis começaram a olhar para as possibilidades de usar corantes naturais para tingimento e impressão regular de têxteis para superar a poluição ambiental associada aos corantes sintéticos. Para além disso, (A. K. Samanta & Agarwal, 2009) relataram que, apesar do melhor desempenho dos corantes sintéticos, recentemente a utilização de corantes naturais em materiais têxteis tem atraído mais investigação científica devido às seguintes razões

➢ Ampla viabilidade dos corantes naturais e suas enormes potencialidades

➢ Disponibilidade de provas experimentais do efeito alérgico e tóxico de alguns corantes sintéticos e dos efeitos não tóxicos e não alérgicos dos corantes naturais.

➢ Proteger a antiga e tradicional tecnologia de tingimento que gera meios de subsistência para os artesãos pobres, com potencial para gerar emprego.

➢ Disponibilidade de informação científica sobre a caraterização química de diferentes corantes naturais, incluindo a sua purificação e extração.

➢ Disponibilidade de uma base de conhecimentos e de dados sobre a aplicação de corantes naturais em diferentes têxteis.

(Singh & Srivastava, 2017) refere que, devido à crescente sensibilização das pessoas para os efeitos nocivos dos corantes sintéticos, os produtos fabricados a partir de materiais naturais estão a ganhar popularidade. Como o corante natural mostra efeitos não tóxicos, não alérgicos e resulta em menos poluição, bem como menos efeitos colaterais, torna-se uma área de impulso no campo da pesquisa de tingimento têxtil.

1.2 CLASSIFICAÇÃO DOS CORANTES NATURAIS

(Adeel *et al.*, 2019) nesta secção do seu segundo volume de relatórios sobre plantas e saúde humana, relata que os corantes naturais com tanino podem ser utilizados como um bio-mordente e uma alternativa aos iões metálicos venenosos. O tanino que forma uma estrutura complexa com iões metálicos que se apresentam como efluentes em águas residuais pode ser utilizado como absorvente. Assim, de um ponto de vista sustentável, os corantes naturais derivados de plantas, animais e minerais são uma bênção para o ecossistema. (V. K. Gupta, 2019) em Londres, (Mansour, 2018) e (Vankar, 2000) analisaram que estes corantes derivados de fontes naturais podem ser classificados de diferentes formas, nomeadamente com base na origem/tipo de fonte, tipo de tonalidade, estrutura química e componentes da cor e método de aplicação.

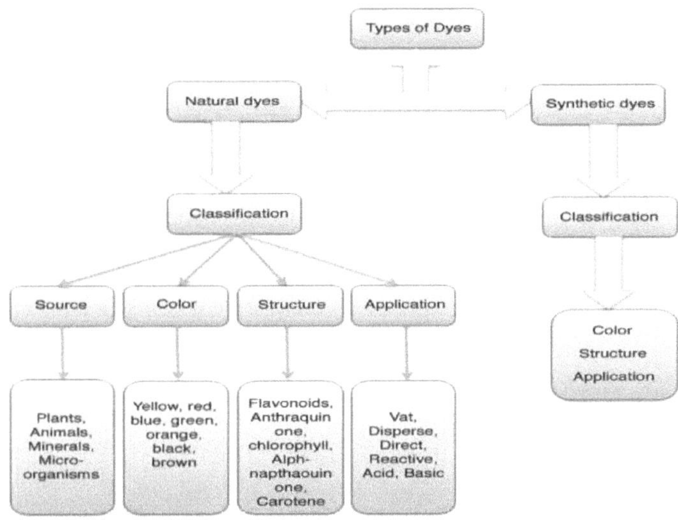

Figura 1.1: Uma visão da classificação dos corantes naturais

1.2.1 Classificação dos corantes naturais segundo a fonte de origem e a cor.

Brainkart.com em Textiles and Dress Designing analisou que os corantes são compostos orgânicos com dois componentes, nomeadamente o cromóforo, que confere cor, e o auxocromo, que ajuda na substantividade dos corantes classificados em corantes naturais e corantes sintéticos. De acordo com brainkart, os corantes naturais são classificados em três tipos com base na fonte de origem, nomeadamente corantes vegetais, corantes animais e corantes minerais.

> **Corantes vegetais**

Foram mais longe, explicando com figuras que os corantes vegetais são os corantes mais antigos de origem vegetal, descobertos ao manchar acidentalmente peças de vestuário com sumos de frutos ou plantas, obtidos de diferentes partes de plantas, como folhas, flores, frutos, vagens, cascas, etc. Alguns destes corantes são;

O índigo (corante azul), chamado o rei de todos os corantes naturais, extraído das folhas de uma planta leguminosa, confere uma cor azul. É adequado para tingir o algodão e a lã.

A Madder indiana, extraída das raízes da *Rubia tinctoria,* produz tons de vermelho utilizados para tingir tecidos de algodão e de lã.

A cúrcuma, que produz tons de amarelo nos tecidos, é extraída da raiz moída (rizoma) da planta da *cúrcuma* (*Curcuma longa*) e é adequada para tingir algodão, seda e lã.

A calêndula extraída da flor de calêndula (*Calendula officinalis*) cor de limão ou laranja é adequada para tingir fibras de seda e de lã.

Os corantes **Henna** extraídos das folhas secas da planta Henna, *Lawsonia inermis,* produzem uma cor laranja amarelada adequada para tingir lã e fibras de seda. Ver imagens na **Figura 1.1**

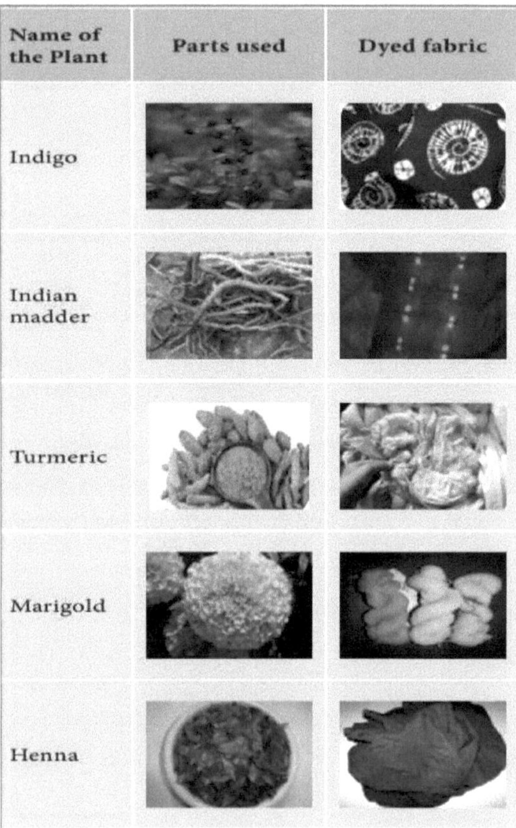

Figura 1.2: Tabela de corantes vegetais

18

De acordo com (SINGH *et al.*, 2019) Os corantes naturais são derivados de recursos naturais e baseados na sua fonte de origem; estes são amplamente classificados como corantes vegetais, animais, minerais e microbianos, embora as plantas sejam as principais fontes de corantes naturais. Existem muitos corantes naturais derivados de fontes vegetais e animais resumidos na Tabela 1 e 2, enquanto os corantes minerais são obtidos a partir de um minério terrestre impuro de ferro ou argila ferruginosa, geralmente vermelho ou amarelo e fontes microbianas obtidas de algumas bactérias produzem substâncias coloridas como metabólitos secundários; *Bacillus, Brevibacterium etc.*

Quadro 1.1: Alguns corantes naturais comuns de plantas e suas fontes

Nome comum	Nome botânico	Parte da utilização da planta	Cor	Tipos de tecido
Madder	*Rubia tinctorum*	Raiz	Vermelho	Lã
Manga	*Magnifera indica*	Folhas	Tipo diferente de verde para amarelo	Seda
Pokeweeds ou pokebush ou poke berry	*Fitolaca Baga*	Frutos	Vermelho	Lã
Árvore casta chinesa	*Vitex negundo*	Folhas	Cinzento	Seda
Salgueiro branco	*Salix alba* 2016	Madeira	Castanho	Lã
Madeira de algodão	*Deltoidas populosas*	Madeira	Castanho a rosa	Algodão

Quadro 1.2: Alguns corantes comuns de origem animal e suas fontes

Corantes	Espécies	Cor	Utilização
Cochonilha	*Dactylopius coccus*	Cor vermelha carmesim	Tingimento e corantes alimentares.
Kermes.	*Kermes licis*	Vermelho	Coloração de fibras animais
Laca	*Kerria lacca*	Vermelho escuro	Coloração de fibras animais
Púrpura de Tyrian	*Marisco*	Púrpura	Morrer
Orchal	*Líquen*	Vermelho e roxo	Morrer

(Mansour, 2018) diz que a melhor fonte de corantes naturais são as diferentes partes de plantas e árvores. A maioria dos corantes naturais é extraída de diferentes partes de plantas e árvores, tais como: Semente, Raiz, Caule, Cascas, Folhas, Flores. Apresenta ainda uma tabela de classificação dos corantes naturais e enumera alguns corantes naturais importantes com cores primárias e secundárias, como se pode ver abaixo.

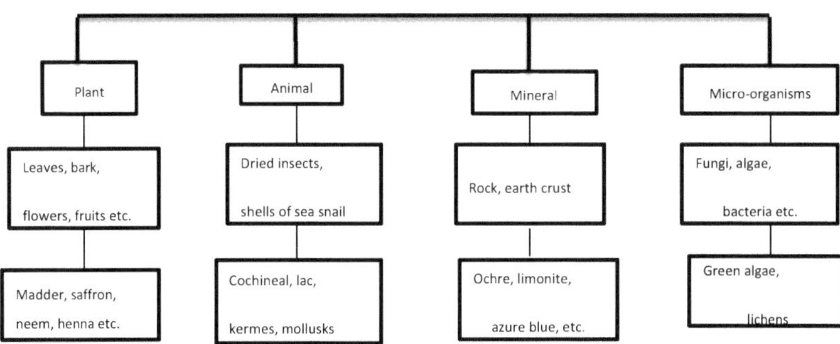

Figura 1.3 Diagrama de fluxograma da classificação dos corantes naturais e da sua aplicação

Vermelho: O índice de cor contém 32 corantes naturais vermelhos. Os membros proeminentes são os corantes madder, *manjistha*, pau-brasil, *Morinda,* cochonilha e lac.

Azul: Existem quatro corantes azuis naturais. Algumas cores proeminentes são o índigo, o *Kumbh* e as flores da *Tsuykusa japonesa.* O azul índigo natural é conhecido desde tempos muito antigos para tingir algodão e lã.

Amarelo: Existem 28 corantes naturais amarelos que são utilizados no tingimento de lã, seda e algodão. Exemplos proeminentes são a bérberis, as flores de tesu, a Kamala, a curcuma e a calêndula.

Verde: As plantas que produzem uma cor natural verde são muito raras; são obtidas através da mistura de cores primárias amarelas e azuis. O woad e o índigo produzem a cor verde

Preto e castanho: Existem seis corantes naturais pretos. A goma-laca é utilizada para produzir a tonalidade castanha; para obter a tonalidade preta utilizam-se o lac, o carbono e o caramelo.

Laranja: Os corantes naturais que produzem a cor vermelha e amarela são utilizados para produzir a tonalidade laranja. O bumblebee e o urucum são exemplos de cor laranja.

Os corantes naturais são considerados amigos do ambiente e biodegradáveis porque possuem propriedades antibióticas, antifúngicas, anti-sépticas e analgésicas. Apesar de algumas desvantagens, os corantes naturais são uma bênção para a proteção do ambiente. Além disso, a maior utilização de corantes naturais levou à plantação de mais materiais vegetais que contêm corantes, o que conduziria a uma maior fixação de carbono. Os corantes naturais sao uma opçao sustentável para a indùstrla têxtll, tanto em pequena como em grande escala.

1.2.2 Classificação dos corantes naturais vegetais com base na estrutura química

(SINGH *et al.*, 2019) descreveram a classificação dos corantes naturais com base na estrutura química como o sistema de classificação mais adequado e amplamente aceite, com razões para pertencerem a um grupo químico específico de corantes facilmente identificados que possuem determinadas características. Os corantes naturais contêm uma vasta gama de classes químicas como indigóide, lac, antraquinonas, naftoquinóides, flavonas, clorofila e cetona. Ver figura abaixo.

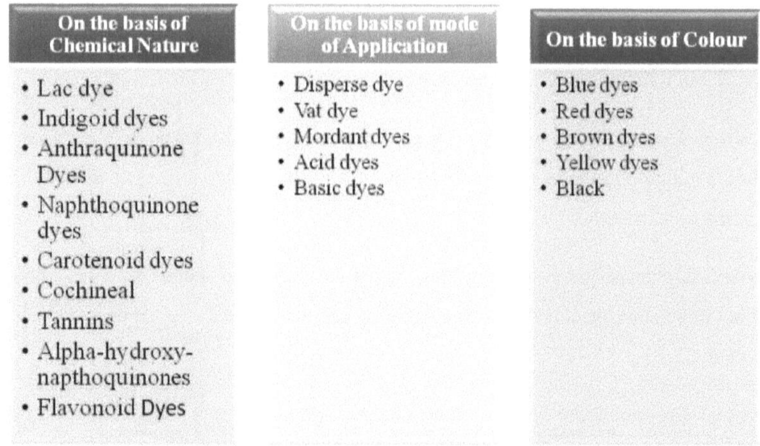

Figura 1.4: Classificação dos corantes naturais

Corantes de antraquinona

Os corantes à base de antraquinona obtidos a partir de plantas e que constituem uma importante classe de corantes vermelhos são os mais famosos na categoria da alizarina, obtida a partir da garança europeia (*Rubia tinctorum*), com hidroxilantraquinonas extraídas da casca da raiz de várias Rubiaceae, por exemplo, da raiz da garança (*Rubiatinctorum*). Dá tons de vermelho-cereja e rosa na seda e no algodão, mas tem propriedades de baixa solidez.

Corantes carotenóides

Os carotenóides, também chamados tetraterpenóides, são um grupo importante de pigmentos naturais de cor amarela a vermelha, obtidos a partir de diferentes fontes, como frutos, legumes, raízes, flores, leveduras, etc. Os carotenóides são pigmentos orgânicos naturais de cores vivas que se encontram no cloroplasto e no cromoplasto de quase todas as famílias de plantas e de alguns outros organismos fotossintéticos (Niedzwiedzki *et al.*, 2009).

Corantes flavonóides

Dá a maior parte dos corantes naturais amarelos com uma estrutura de flavonas substituídas com hidroxilo ou metoxi. Os corantes com esta constituição química encontram-se numa grande variedade de recursos naturais. Várias fontes vegetais de corantes flavonóides são *Reseda luteola* (Solda), *Allium cepa* (Cebola), *Artocarpus heterophyllus/ Artocarpus integrifolia* (Jaca), *Myrica esculenta* (Caifa), etc. (Khan *et al.,* 2011).

(Prabhu & Bhute, 2012) prevê que os corantes naturais sejam classificados de várias formas, dependendo largamente dos grupos químicos funcionais (Estrutura) e da sua Tonalidade. Segue-se uma apresentação das estruturas químicas.

- **Classe das antraquinonas:** Os corantes que pertencem a esta classe têm uma estrutura de antraquinona e são obtidos a partir de plantas e insectos.

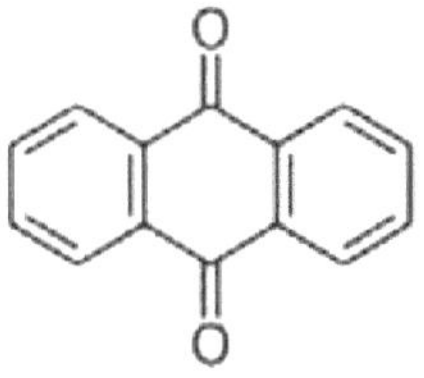

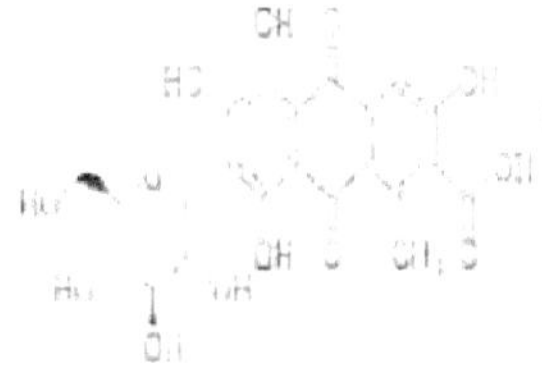

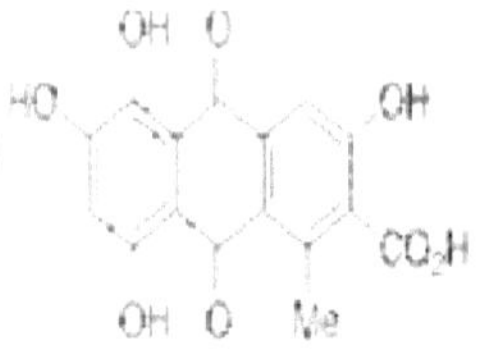

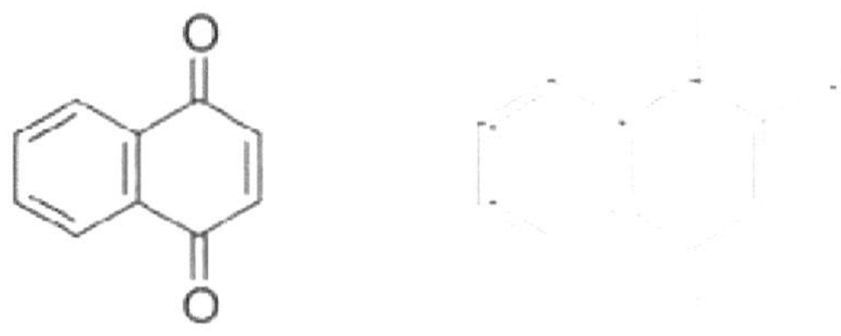

Ácido carmínico   Ácido quermísico

Figura 1.5: Estrutura dos antraquinóides

- **Alfa-naftoquinona:** Os corantes têm uma estrutura de alfa naftoquinona, como a 2-hidroxi 1-4-naftoquinona. A hina, a lawsona e a juglona são exemplos desta classe.

Figura 1.6: Estrutura da naftoquinona

- **Flavonas : São** corantes com tonalidades amarelas. O corante natural solda pertence a esta categoria. A maioria dos corantes são derivados de flavonas ou isoflavonas substituídas com hidroxilo e metoxi.

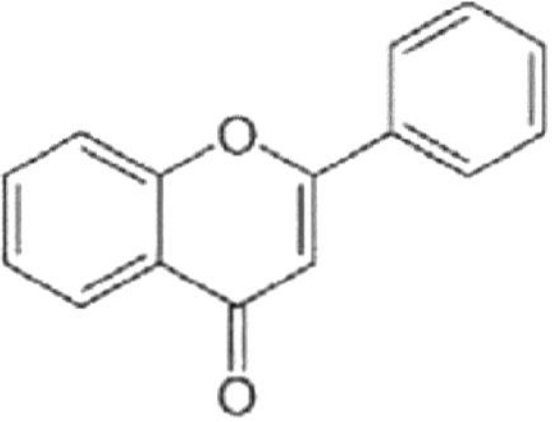

Figura 1.7: Estrutura das flavonas

1.3 EXTRACÇÃO DE CORANTES NATURAIS

(Adeel *et al.*, 2019) delineou dois métodos principais para a extração de corantes naturais em que a sua sustentabilidade é reavivada devido aos seus rendimentos de extração e boas características de cor. Estes métodos incluem: Método convencional e Método moderno com o diagrama de fluxograma do método de extração listado abaixo.

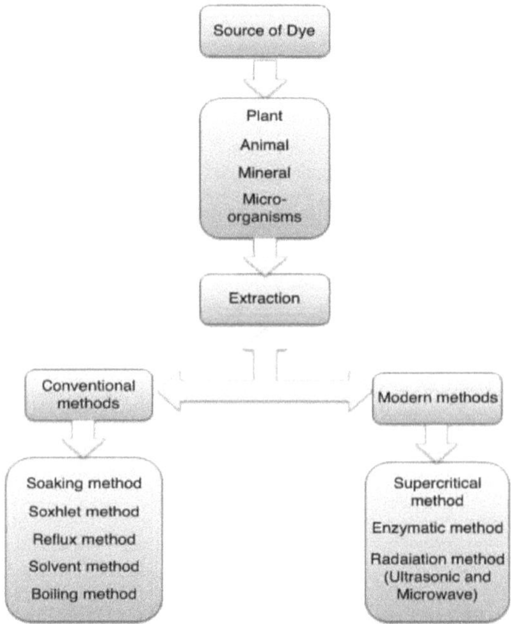

Figura 1.8: Diagrama do fluxograma do método de extração

Método convencional

Adeel continuou a explicar que a extração de corantes naturais com métodos convencionais como a imersão, o método Soxhlet de imersão, o método de refluxo, o método de ebulição e a agitação mecânica tem sido utilizada com base na polaridade dos seus componentes e na estabilidade térmica, uma vez que estes métodos requerem uma grande quantidade de solvente e tempo. No entanto, estes métodos não proporcionam um rendimento e uma intensidade de cor efectivos no tecido e consomem muita energia e mão de obra.

Métodos modernos

Estes métodos avançados incluem a micro-extração em fase sólida, gás comprimido, extração com fluido supercrítico, extração com líquido pressurizado e tecnologia de radiação. Este método moderno funciona sobretudo bem com tingimento sintético e tingimento a granel.

(Chakrabarti & Vignesh, 2012) e (Prabhu & Bhute, 2012) referiram que a utilização de matérias-primas para tingimento tem muitas limitações devido ao facto de os corantes naturais não poderem ser utilizados diretamente devido às suas fontes renováveis. A extração dos principais componentes corantes é mais importante se forem aplicadas condições de extração seguras e baratas, sem afetar as condições de extração e evitando qualquer contaminação em várias técnicas de extração. Os autores enumeraram algumas dessas técnicas de extração de corantes naturais e apresentaram um quadro de condições óptimas. Ver quadro 1.3 abaixo.

- Método aquoso simples
- Extração com fluido supercrítico
- Sistemas de solventes complicados
- Extração por ultra-sons

Sistemas de solventes complicados;

O material seco (folhas, raízes, cascas, madeira, secreção resinosa de insectos, etc.) é triturado em partículas muito finas para obter o pó seco bruto que é pesado e extraído com solvente utilizando o aparelho Soxhlet ou o extrator aquecido a vapor. São utilizados diferentes solventes (como acetona, clorofórmio, éter, n-hexano, álcool, carbonato de sódio, etc.) para a extração. O processo é realizado durante 4 horas e o extrato de corante é evaporado num prato de evaporação sobre um banho de água. Após a evaporação até à secura, o soluto é pesado e a percentagem de rendimento é calculada.

Extração com fluido supercrítico

A extração de fluidos supercríticos é uma técnica de separação avançada baseada no poder de solvência melhorado dos gases acima do seu ponto crítico. O CO_2 é um solvente ideal nas indústrias alimentar, de corantes, farmacêutica e cosmética, onde é essencial obter produtos finais com um elevado grau de pureza. O corante natural é obtido a partir de resíduos de pele de uva utilizando um extrator soxhlet, sendo posteriormente destilado sob vácuo para obter a solução de corante concentrada.

Extração por ultra-sons

A energia ultra-sónica é um efeito combinado associado a cavitações, compressões, rarefacções e microfluxos que resultam em rasgões intermoleculares e esfregamento da superfície. Verificou-se que, quando expostas à energia ultra-sónica, algumas reacções tornam-se mais rápidas com temperaturas mais baixas, o que é o efeito mais benéfico, uma vez que reduz o tempo de processamento e o consumo de energia e melhora a qualidade do produto na coloração dos têxteis.

Quadro 1.3: Extração de diferentes corantes naturais em condições óptimas

Não	Fonte natural	Forma do material	Temp. ^{0}C	Tempo, min	MLR	PH	Rendimento (w/w) %
1	Casca de romã	Casca seca pré-cortada, triturada até ficar em pó	90°C	45 min	1:20	11	40%
2	Mariegold (Genda)	Pétala seca esmagada em pó	80°C	45 min	1:20	11	40%
3	Babool (Babla)	Casca seca ao sol, triturada em pó	100°C	120 min	1:20	11	40%
4	Catechu (Khayer)	forma de pó	90°C	60 min	1:20	12	40%
5	Madeira de jaca	Lascas pré-cortadas e secas esmagadas até à forma de pó	100°C	30 min	1:20	11	40%
6	Madeira de sândalo vermelho	forma de pó	80°C	90 min	1:40	4.5	40%

(Dabas *et al.*, 2011) abacate maduro extraído (*Persea americana*, variedade Hass) de origem local e armazenado a 4° C sem alteração da cor da semente observada durante o processo de armazenamento até à sua utilização. As sementes de abacate foram separadas dos frutos, lavadas e descascadas. Com a utilização do método aquoso, as sementes foram pesadas, cortadas com uma faca e trituradas em 0,7 vol de água desionizada (DI) num misturador Warring durante 60 s a alta velocidade, obtendo-se uma pasta (PH 6,4) espalhada com 1 cm de espessura numa superfície plana (para permitir uma exposição uniforme ao ar) e incubada a 24° C durante 35 min. A pasta foi então misturada com uma espátula 2 a 3 vezes e a pasta colorida foi transferida para um copo com um volume igual de metanol adicionado. A mistura foi submetida a ultra-sons durante 20 minutos num banho de água de ultra-sons Branson 3510 (Danbury, Conn., E.U.A.). Foram adicionados mais 2 vol de metanol e a mistura foi centrifugada a 1200 × *g* durante 10 min. O sobrenadante foi recolhido e seco sob vácuo para remover o metanol. A água residual foi então removida por liofilização, e o pó resultante foi armazenado num exsicador a -20° C. O tratamento térmico da semente impediu o desenvolvimento da cor, mas a adição de polifenol oxidase exógena (PPO) restaurou o desenvolvimento da cor. Estes resultados sugerem que a semente de abacate pode ser uma fonte potencial de corante natural e que o desenvolvimento da cor é dependente da PPO. (Munagapati *et al.*, 2021) aplicaram o mesmo método com sementes secas ao sol esmagadas e moídas num pó fino e peneiradas para um tamanho de partícula de 0,5 mm (35 malhas). Depois disso, o pó foi lavado com DDW e seco num forno a vácuo a 343K durante 24 h, sendo depois fervido em DDW, mudando a água frequentemente até a água se tornar incolor, o que mostra a remoção de materiais corantes solúveis em água. Em seguida, o pó obtido foi seco em estufa a 353K durante 24 horas.

O Batik é uma arte antiga, datada de há 2000 anos, e é um processo de criação de desenhos, normalmente em tecido, através da aplicação de cera para atuar como resistência em partes do material e, em seguida, tingindo-o para permitir que a parte não encerada adquira a cor pretendida. Esta técnica foi aplicada por (BAI, 2017) Bengaluru, onde a extração a partir de uma fonte seca ou de uma fonte fresca, utilizando métodos de extração alcoólicos, aquosos ou ácidos, foi aplicada para obter um corante puro.

(Arlene *et al.*, 2015) semente de abacate extraído usando extração assistida por ultrassom (UAE) como extração de material principal aplicável. A semente de abacate foi descascada e cortada em 0,3 X 0,3 X 0,3cm. Os aquades, tanto quanto 70% w / w da massa de sementes foi adicionado e misturado durante um minuto. A pasta foi incubada ao ar livre à temperatura ambiente de 24° C durante 35 minutos para que estivesse pronta para ser utilizada no processo de UAE. A pasta extraída utilizando o sonicador com metanol como solvente teve uma variação de temperatura de pesquisa de 30, 40, 50, 60, 70°C e uma relação com o solvente de 1:3, 1:6, 1:9, 1:12, 1:15 respetivamente. O extrato de corante foi filtrado de um rafinado com a utilização de Buchner e o solvente foi separado utilizando um evaporador de vácuo a 3,37 mbar à temperatura do banho de água de 50° C

(Agwa *et al.*, 2012) e (Sanni & Omotoyinbo, 2016) sobre a sua extração de corante natural a partir de madeira de camwood relata que, devido à natureza da amostra, a extração aquosa de água fria foi realizada sem concentração. Cinquenta gramas das amostras secas de madeira de came foram embebidas em 125 ml de água destilada durante 24 h. As amostras foram deixadas em repouso durante algumas horas, filtradas através de um pano de musselina com três camadas e armazenadas no frigorífico a 4°C até serem necessárias para utilização.

Em seguida, dissolveram-se 5 g de amostra em 25 ml e incubou-se a 50 °C com agitação contínua durante 5 horas num banho de água com agitação. O solvente foi retirado e substituído por um volume igual de solvente e o procedimento repetido mais duas vezes. Os extractos obtidos foram filtrados com papel de filtro Whatmann e o filtrado límpido foi colocado numa estufa para evaporação dos solventes e obtenção de extractos secos.

(A. K. Samanta *et al.,* 2008a) no seu estudo sobre o desempenho da cor e a compatibilidade do tingimento aplicou um método de extração aquosa da madeira de sândalo vermelho (RSW) (*pterocarpus santalinius*) com santalina como principal componente da cor. A madeira foi cortada em lascas e seca; as lascas secas foram depois esmagadas em pó e submetidas a uma extração aquosa em condições optimizadas de temperatura de 80°C durante 90 minutos com uma relação material-líquor (MLR) inicial de 1:20. Os extractos aquosos foram então filtrados e concentrados por evaporação em banho-maria para obter um nível de concentração desejado adequado para a aplicação de corantes.

1.4 MÉTODOS DE APLICAÇÃO DE CORANTES NATURAIS

Os corantes naturais têm uma vasta área de aplicação devido à sua natureza amiga do ambiente. Estas aplicações incluem têxteis, cosméticos, pintura, tintas, agricultura, células solares sensibilizadas por corantes, descoloração, indicador de PH, farmacêutico, etc (Adeel *et al.*, 2019). Ver figura 1-6 abaixo

Adeel concluiu afirmando que o renascimento dos corantes naturais em diferentes domínios se deve à sua natureza renovável, barata e amiga do ambiente. Foi obtida uma vasta seleção de corantes naturais a partir de plantas, animais e minerais, que estão agora a ser encorajados para utilização em cosméticos, moda, indústria de células solares, etc., com diferentes técnicas desenvolvidas para obter o máximo rendimento de corantes destas fontes com tonalidades melhoradas. No entanto, a adoção destas metodologias em grande escala é um grande desafio que implica a utilização de ferramentas modernas, tais como tratamentos induzidos por radiação para extração e aplicações.

(V. K. Gupta, 2019) revela que diferentes investigadores propuseram diferentes métodos de tingimento de fibras naturais e sintéticas com corantes naturais. O tingimento de substratos têxteis depende dos parâmetros de tingimento que são a estrutura da fibra, a temperatura, o tempo e o pH do banho de corante e as características da molécula de corante. As propriedades de solidez dos corantes em substratos têxteis dependem da ligação dos corantes à fibra. A falta de ligação dos corantes naturais à fibra celulósica requer um tratamento de mordente para fixar os corantes na fibra celulósica, sendo a maior parte do tingimento efectuada a pH neutro. O tratamento de mordente melhora a solidez à lavagem das amostras tingidas.

(Geetha & Sumathy, 2013) na Índia, indicaram no seu estudo analítico realizado sobre a espetrofotometria de infravermelhos do extrato de corante natural, o tingimento e o teste de solidez da cor às propriedades de lavagem, que a ideia principal de extrair corantes de fontes vegetais (naturais) é evitar a poluição ambiental e adotar a utilização de materiais ecológicos e biodegradáveis. Os corantes extraídos armazenados no frigorífico foram utilizados no tingimento. 0,748 g de alúmen e 0,187 g de soda de lavagem foram misturados em 100 ml de água, 50 ml de ácido ascético a 5% misturados com 100 ml de água e 5 g de cloreto de sódio misturados em 100 ml de água destilada foram utilizados como mordente. O tecido de algodão foi fixado nos respectivos corantes com a ajuda dos seguintes mordentes: vinagre para a flor de pavão e a couve roxa, sal para a beterraba e a folha de papaia, alúmen para a pele de cebola e alúmen e creme de tártaro para a buganvília, a fim de obter diferentes tonalidades de cores, como se apresenta a seguir.

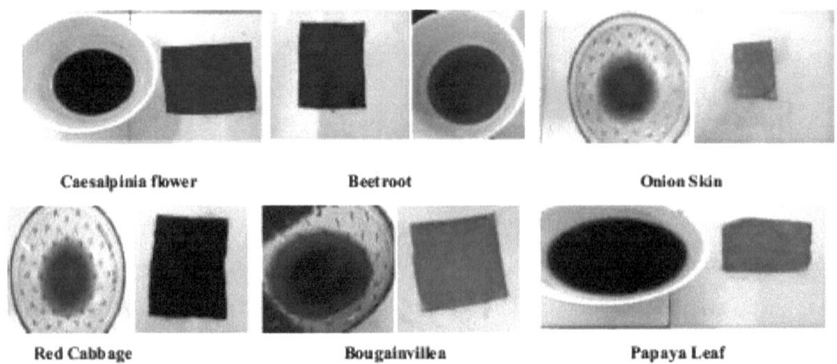

Figura 1.9: Resultados obtidos a partir de amostras tingidas

De acordo com (Adeel *et al.*, 2009)o tingimento foi efectuado a 60 ± 1 °C durante 1 h, utilizando uma quantidade fixa (M:L 1:15, para 1 g de tecido de algodão, foram retirados 15 mL de extrato) de cada extrato no vidro de tingimento. As amostras tingidas foram extensivamente lavadas com água fria e quente para remover qualquer material tingido não fixado e finalmente secas à temperatura ambiente. A partir dos resultados obtidos, concluiu-se que a intensidade da cor depende muito do tempo de extração. A intensidade da cor aumentou com o aumento do tempo de agitação. Este facto pode dever-se à solubilidade do corante em água, que aumenta com o tempo de agitação. Durante longos períodos de agitação e aquecimento, algumas impurezas insolúveis causam irregularidades no tingimento. A imersão durante a noite seguida de agitação após 24 horas resultou num material mais colorido. (Sinnur *et al.*, 2021) relata que os tecidos de algodão *khadi* foram tingidos utilizando o seguinte método: os tecidos de algodão pré-mordente foram tingidos com extractos aquosos de pares binários simples ou seleccionados de corantes naturais em proporções variáveis (100:0, 75:25, 50:50, 25:75 e 0:100), aplicando uma concentração global de 30% (w o f) de corantes seleccionados (com base no peso seco das quantidades de material de origem) a 65º C durante 60 min, mantendo MLR 1:30, PH 5 e 5% de cloreto de sódio. Ver tabela:

Quadro 1.4: Parâmetros optimizados da extração aquosa do corante

Corante natural	Corante conc.a, %	MLR	Temperatura, C °	Tempo, min	pH	Ref.

	40	1:40	80	15	10	10
Madeira de sândalo vermelho						
Manjistha	30	1:30	60	30	5	22
Casca de babuíno	30	1:30	60	45	6	23
Flor de Tesu	30	1:20	90	60	11	24
Catechu	40	1:20	90	30	12	25
Casca de romã	30	1:50	80	45	7	26

Com base no peso seco da fonte sólida de materiais corantes.

Por conseguinte, não foi considerada necessária qualquer outra otimização das concentrações de corante. Em cada caso, as amostras tingidas foram repetidamente lavadas com água quente e fria e finalmente secas ao ar. Finalmente, as amostras tingidas foram sujeitas a ensaboamento com uma solução de sabão de 2g/L a 600C durante 15 minutos, seguido de lavagem com água e secagem ao ar. No caso de tingimento com corante individual (combinação 100:0 e 0:100), foi relatado que o pré-mordente utilizando 15% de *mirobolan* global seguido de sulfato de alumínio na proporção 75:25 é o sistema mais adequado para tingir tecido *khadi* de algodão branqueado com corante de casca de babuíno.

As amostras de fio de lã (10 g cada) foram tingidas com o corante extraído da cochonilha, da curcuma e da garança numa proporção de 1:50 e PH 4-5. As amostras de fio foram imersas na solução de tingimento num banho de água a 70°C durante 15 minutos e tingidas durante uma hora com cochonilha e 30 minutos com curcuma e garança. As amostras tingidas foram lavadas e enxaguadas com água fria durante 30 minutos num banho que continha 3 g/L de detergente não iónico a 45°C, sendo depois seccas ao ar (Kamel *et al.*, 2012).

1.5 MORDEDURA DE CORANTES NATURAIS E SUA CLASSIFICAÇÃO

A maior parte dos corantes naturais necessita de um mordente para lhes dar substância. O termo mordente deriva da palavra latina *mordeo*, que significa "morder" ou "agarrar". Estes produtos químicos conhecidos como mordentes apresentam-se sob a forma de sais metálicos que criam afinidade entre a fibra e o pigmento (Iqbal *et al.*, 2020). A maioria dos corantes naturais necessita de um mordente para produzir cores permanentes. Com base na estrutura química, os mordentes podem ser classificados como sais metálicos, taninos, ácido tânico e óleo. Além disso, o ácido acético, popularmente conhecido como vinagre, o amoníaco, a soda cáustica, o ácido tartárico, a urina e os compostos de soluções de certas folhas, frutos, cascas de árvores, cinzas de madeira e, por vezes, estrume de vaca são também utilizados como mordentes. A mordedura é efectuada de três formas: pré-mordedura, pós-mordedura e mordedura simultânea, dependendo da natureza do corante vegetal, da natureza do mordente, da natureza da fibra utilizada e, por último, da qualidade e quantidade de tonalidade necessária (Kamel *et al.*, 2012).

1.5.1 Métodos de Mordedura: -

Os três métodos utilizados para a mordedura têm efeitos diferentes nas tonalidades obtidas após o tingimento, bem como nas suas propriedades de solidez. Isto também depende do corante e do substrato, pelo que é necessário escolher um método de tingimento adequado que proporcione a tonalidade e a solidez pretendidas através da otimização dos parâmetros (Chakrabarti & Vignesh, 2012**)**

- **Pré-mordente:** O substrato é tratado com o mordente e depois tingido.
- **Mordenteamento meta/simultâneo:** O mordente é adicionado no próprio banho de tingimento.
- **Pós-mordente:** O material tingido é tratado com mordente.

1.6 MEDIÇÃO DA COR E PROPRIEDADES DE SOLIDEZ DOS CORANTES NATURAIS

A solidez da cor é a resistência de um tecido a alterar qualquer uma das suas características ou a extensão da transferência dos seus corantes para o material branco adjacente ao toque. A solidez da cor é sempre avaliada pela perda de profundidade da cor na amostra original ou expressa por uma escala de coloração. Entre todos os tipos de propriedades de solidez da cor, a solidez à luz, à lavagem e à fricção são geralmente consideradas para qualquer têxtil (A. K. Samanta & Agarwal, 2009) As propriedades de solidez são os parâmetros de qualidade no tingimento com vários métodos de teste descritos para aceder à solidez da cor. Isto dá uma ideia sobre a qualidade do tingimento. As propriedades de solidez dos corantes naturais estão fortemente relacionadas com o tipo de substrato e o mordente utilizado para a fixação do corante. Muitos factores afectam as propriedades de solidez, como a água, os produtos químicos, a temperatura, a humidade, a luz, os pré-tratamentos, os pós-tratamentos, a distribuição do corante na fibra e a fixação do corante, para além do próprio corante. A cor e a solidez dos corantes naturais requerem uma atenção especial para uma seleção cuidadosa dos materiais e do processo de tingimento natural. As propriedades de solidez dos corantes dependem da estrutura dos corantes, da exposição ao ambiente, dos melhoradores de solidez e do tipo de mordente utilizado. É necessário explorar alguns agentes naturais de pós-tratamento para melhorar a solidez à luz e à lavagem (V. K. Gupta, 2019). Ele foi tão longe quanto dar algumas propriedades de solidez listadas abaixo:

i.   **Solidez à luz**

Gupta refere que a solidez à luz dos corantes naturais é fraca a média devido à alteração cromofórica na estrutura do corante após a absorção da luz. Os grupos cromóforos não são muito fortes para dissipar a energia absorvida através da ressonância. A solidez à luz é o maior desafio no tingimento natural para a solidez da cor. A escolha de um mordente adequado melhorará a estabilidade à luz, exceto no caso de alguns sais de ferro que provocam uma alteração da cor resultante. (A. K. Samanta & Agarwal, 2009) apresentaram a solidez à luz de muitos corantes naturais, em especial corantes extraídos de flores de pétalas com solidez à luz fraca a média. A este respeito, considerou necessário efetuar um estudo intensivo para melhorar a solidez à luz com a utilização de mordente.

ii.   **Solidez da lavagem**

A rapidez de lavagem dos corantes naturais é fraca a média. A ligação do corante à fibra é muito fraca e, por isso, os corantes não são muito rápidos com as soluções detergentes. O PH alcalino da solução detergente altera o valor da cor em termos de tonalidade e valor. O logwood e o índigo têm um bom valor de solidez em comparação com os outros. O tratamento de mordedura melhora a solidez dos corantes à lavagem. (A. K. Samanta & Agarwal, 2009) referem que alguns corantes sofrem alterações acentuadas de tonalidade durante a lavagem devido à presença de pequenas quantidades de álcalis nas misturas de lavagem, o que realça a necessidade de conhecer o pH das soluções alcalinas utilizadas para a limpeza de têxteis tingidos com corantes naturais. Regra geral, os corantes naturais apresentam uma solidez moderada à lavagem da lã, avaliada pelo teste ISO II. Os corantes logwood e índigo são considerados muito mais rápidos.

iii.   **Solidez à fricção**

Em geral, a solidez à fricção da maioria dos corantes naturais é considerada moderada a boa e não requer qualquer pós-tratamento (V. K. Gupta, 2019). (A. K. Samanta & Agarwal, 2009) relataram que a madeira de jaca, *a manjistha*, a madeira de sândalo vermelho, o babool e a calêndula têm boa solidez à fricção em juta e tecido de algodão. Os valores das propriedades de solidez da cor foram para o tecido de algodão tingido com folha de chá (seco 3, húmido 2-3) e romã (seco 3, húmido 2-3).

Quadro 1.5: Valores de solidez da cor das amostras de algodão

Tecido de algodão	Luz	Lavagem	Esfregar		Transpiração	
			solidez		solidez	
tingido com	solidez	solidez				
			Seco	Húmido	Ácido	Alcalino
Henna/mehedy	4-5	4-5	4	3-4	4-5	4-5
Cúrcuma	4	4	4	3-4	4-5	4-5
Folha de chá	3-4	3-4	3	2-3	4	4
Romã	3	3	3	2-3	3-4	3-4

1.7 CARACTERIZAÇÃO DE CORANTES NATURAIS

Para uma utilização comercial bem sucedida dos corantes naturais, é necessária uma técnica de tingimento normalizada, para a qual a caraterização dos corantes naturais é essencial. A análise UV-Vis é um método fiável para prever os fitoconstituintes iniciais no material vegetal.

1.7.1 Espectroscopia UV-visível

É útil para caraterizar a cor em termos do comprimento de onda de absorção máxima e da tonalidade dominante. A aplicação da caraterização UV consiste em identificar a capacidade das moléculas de corante para absorver o comprimento de onda UV e as características de desvanecimento dos corantes. Alguns investigadores efectuaram análises UV de corantes naturais. (Chutima *et al.*, 2007) estudaram a espetroscopia UV-VIS da *morina* e da *quercetina* em solução aquosa de 30 minutos com PH 4,5 e sem controlo de PH com alúmen como mordente, e obtiveram dois grandes espectros de absorção eletrónica da morina ($5.0 \times 10_{-5}$ M) em solução aquosa com máximos de 378 nm e 415 nm na ausência e presença de alúmen sem controlo do pH, 355nm e 413nm, na ausência e presença de alúmen com controlo do pH de 4,5. quercetina (5,0 × 10-5 M) em solução aquosa 362nm e 420nm na ausência e presença de alúmen (0 - 500 M) sem controlo do pH e 368nm e 424nm com alúmen com pH de 4,5.

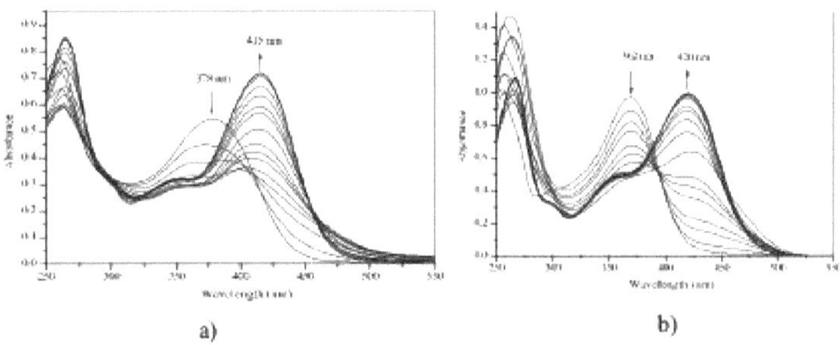

a) **Figura 1.10**: Espectros de absorção eletrónica de (a) morina (5,0 × 10-5 M) em solução aquosa na ausência e na presença de alúmen (0 - 250 λM) sem controlo de pH, (b) quercetina (5,0 × 10-5 M) em solução aquosa na ausência e na presença de alúmen (0 - 500 λM) sem controlo de pH .

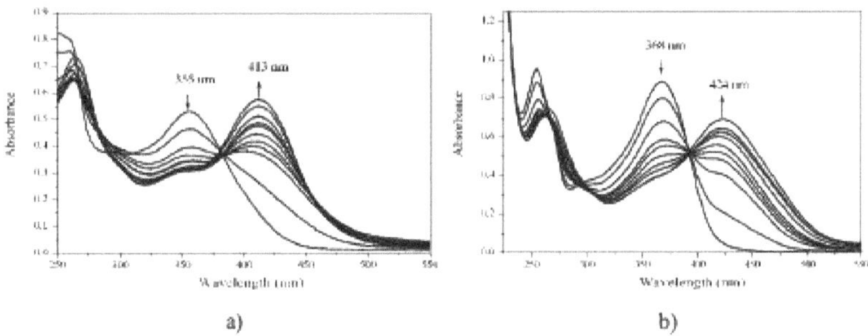

Figura 1.11: Espectros de absorção eletrónica de (a) morina (5,0 × 10-5 M) em solução aquosa na ausência e presença de alúmen (0 - 250 λM) a PH 4,5, (b) quercetina (5,0 × 10-5 M) em solução aquosa na ausência e presença de alúmen (0 - 300 λM) a PH 4,5

(Kumar & Cumbal, 2016) no seu estudo do espetro de absorção UV-Vis do extrato de abacate (a) folha, (b) casca e (c) polpa em água, indicaram que todos estes compostos apresentaram absorção máxima nas proximidades de 260-270 nm e 320-360 nm. O óleo não apresentou um pico desejado na gama de 260-360 nm. Estes resultados foram então explicados pelo aparecimento da banda de absorção UV-Vis entre 250-350 nm. Os resultados obtidos mostraram que a atividade antioxidante da folha do abacateiro era relativamente elevada em relação ao fruto devido à presença de um teor mais elevado de polifenólicos/flavonóides na folha. Concluiu-se então que a folha do abacate tem uma maior atividade antioxidante em comparação com o fruto (casca, polpa e óleo) devido à ocorrência de mais compostos fenólicos/flavonóides.

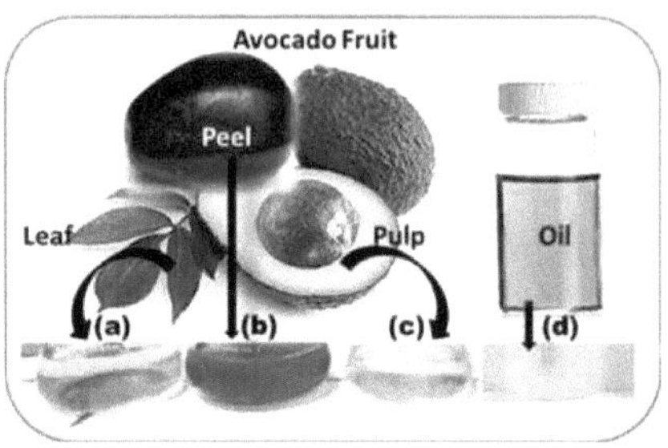

Figura 1.12: Diagrama esquemático da extração de abacate (a) folha, (b) casca, (c) extrato de polpa e (d) óleo em água

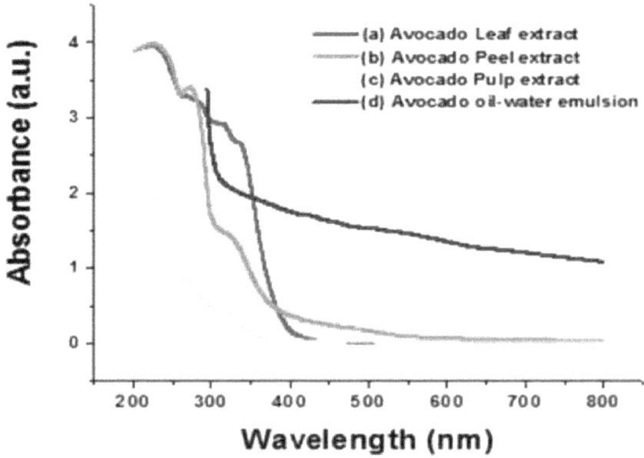

Figura 1.13: Espectro UV-Vis de abacate (a) folha, (b) casca, (c) extrato de polpa, e (d) óleo em água

(Mathur *et al.*, 2003) estudaram os espectros UV da casca de neem, e esta apresenta dois máximos de absorção a 275 e 374 nm. (Arora *et al.*, 2009) estudaram as bandas de absorção do *ratanjot* e observaram que, em pH ácido, a absorção ocorre a 520-525 nm e, em pH alcalino, ocorre a 610-615 nm. (Gulrajani *et al.*, 2003) também efectuou uma investigação sobre corantes de madeira de sândalo vermelho que mostra um forte pico de absorção a 288 nm e absorção máxima a 504 nm e 474 nm em solução de metanol a PH 10. (Arlene *et al.*, 2015) estudaram a extração de corantes de sementes de abacate utilizando EAU com absorvância da solução medida na gama de 470-500nm com um comprimento de onda de intensidade de cor máxima de 480nm em metanol. (Dabas *et al.*, 2011) também estudaram a extração de cor da semente de abacate com espectros de absorvância visíveis registados entre 380nm e 700nm e um λ_{max} a 480nm em PH 11. O valor do comprimento de onda de absorção máxima para um determinado corante depende da constituição química das moléculas do corante que é variável e depende do ambiente de crescimento de um determinado corante natural. A caraterização de um determinado corante é útil para decidir a tonalidade do corante.

Nome do corante	Comprimento de onda de absorção máxima
Extração de casca de neem	275 e 374 nm
Ratanjot com PH ácido	520 e 525 nm
PH alcalino	570, 610 e 615 nm
Madeira de sândalo vermelho	288 nm
Semente de abacate	480nm

1.7.2 Parâmetros cinéticos e termodinâmicos do tingimento

A teoria do tingimento diz respeito à forma como um determinado corante é absorvido por uma determinada fibra têxtil ou tecido. No que diz respeito ao sistema de tingimento, são utilizadas duas abordagens para estudar o mecanismo de tingimento: em equilíbrio (termodinâmica do tingimento) e antes de se atingir o equilíbrio (cinética do tingimento). A energia cinética é definida pela Wikipédia como uma forma de energia que um objeto ou uma partícula possui devido ao seu movimento. É uma propriedade de um objeto ou partícula em movimento e depende não só do seu movimento mas também da sua massa. A cinética em corantes é a medida da absorção de adsorção em função do tempo a uma pressão ou concentração constante e é utilizada para medir a difusão do adsorvato nos poros. A termodinâmica é o estudo das relações entre calor, trabalho, temperatura e energia.

(A. K. Samanta et al., 2008b) realizaram uma investigação sobre juta branqueada e tecido de algodão pré-mordente com sulfato de alumínio AL_2 $(SO)_{43}$ e subsequentemente tingiram os tecidos com extrato aquoso de madeira de jaca sob condições optimizadas de tingimento. Foram avaliados os parâmetros cinéticos e termodinâmicos do tingimento, tais como a afinidade do corante, a taxa de tingimento, as isotérmicas de absorção e o calor do tingimento (ΔH), a entropia do tingimento (ΔS) e a energia livre de Gibb (ΔG). Observou-se que todos estes processos de tingimento são endotérmicos. Os valores de ΔH foram positivos. O tecido de juta duplamente pré-ordenado com harda e sulfato ferroso ($FeSO_4$) apresentou uma isotérmica de absorção de corante do tipo Langmuir não linear, enquanto o tecido de algodão pré-ordenado apresentou uma isotérmica linear que segue a isotérmica de absorção de Nermst. Estes resultados indicam a formação de complexos coordenados na amostra de corante Jute-harder + $FeSO_4$ e ligações de hidrogénio em todos os outros casos estudados. Compreendeu-se também que o principal modo de tingimento dos tecidos de juta e algodão branqueados ocorre principalmente através de ligações de hidrogénio. Além disso, os tecidos de juta e de algodão previamente tingidos com harda e $FeSO_4$ têm uma absorção de corante mais elevada do que a obtida a partir de tecidos de juta e de algodão previamente tingidos com harda e AL_2 $(SO)_{43}$. O extrato etanólico de madeira de sândalo vermelho também foi utilizado para realizar estudos cinéticos e termodinâmicos em tecidos de lã e de nylon. A taxa de absorção do corante, a isoterma de adsorção, a afinidade padrão, a entalpia e o calor do tingimento foram calculados. Os resultados dos estudos termodinâmicos mostraram que a madeira de sândalo vermelho tem maior taxa de tingimento e afinidade pelo nylon do que pela lã. O mecanismo de tingimento do nylon e da lã é do tipo de partição, como o dos corantes dispersos em tecidos hidrofóbicos, porque se verificou que o processo de tingimento é endotérmico para a lã e exotérmico para o nylon. Os valores de $T_{1/2}$ mostraram que a taxa de tingimento com madeira de sândalo vermelho é mais elevada para o nylon do que para a lã (Gulrajani et al., 2002). Foram realizados estudos cinéticos e termodinâmicos em tecido de lã com extrato de corante bruto de A.nobilis. Verificou-se que o processo de tingimento é exotérmico. A taxa de absorção do corante, a afinidade padrão, o calor do tingimento e a entalpia também foram discutidos. Verificou-se que o calor de tingimento e a entropia eram negativos. O corante extraído da A.nobilis apresentou uma boa afinidade para o tecido de lã. O mecanismo de tingimento corresponde bem ao mecanismo de partição de corantes dispersos (Arora et al., 2012).

1.8 Resumo

A partir da investigação acima mencionada realizada no domínio dos corantes naturais em tecidos naturais, (Dabas *et al.*, 2011) extraíram abacate amadurecido (*Persea americana*, variedade Hass) com o uso de metanol. O tratamento térmico da semente impediu o desenvolvimento da cor, mas a adição de polifenol oxidase exógena (PPO) restaurou o desenvolvimento da cor laranja. Estes resultados sugerem que a semente de abacate pode ser uma fonte potencial de corante natural, e que o desenvolvimento da cor é dependente da PPO. (Arlene *et al.*, 2015) também extraiu semente de abacate usando extração assistida por ultrassom (UAE) com metanol como solvente. A análise da intensidade da cor foi calculada por meio da medição da absorvância utilizando um espetrofotómetro UV-Vis. O rendimento mais elevado da cor laranja foi de 22,6%, obtido a uma temperatura de 70°C. Com base na análise da variância do desenho experimental, concluiu-se que a temperatura e a relação entre a alimentação e o solvente não afectam o rendimento da cor. Outro estudo foi efectuado por (A. K. Samanta *et al.,* 2008a). No seu estudo sobre o desempenho da cor e a compatibilidade do tingimento, aplicou um método de extração aquosa de madeira de sândalo vermelho (*pterocarpus santalinius*) com santalina como principal componente da cor. A amostra de tecido tingido de juta tratada com um agente fixador de corante catiónico deu um resultado de classificação de compatibilidade relativa que estava em boa colaboração com o do teste de compatibilidade de extração convencional baseado na análise de parcelas K/S. O método proposto foi considerado útil para identificar pares binários compatíveis de corantes naturais para tingir a juta. (Sinnur *et al.*, 2021) tingiram tecidos de algodão *khadi* utilizando extractos aquosos de pares binários simples e seleccionados de corantes naturais de madeira de sândalo vermelho, *manjistha*, dorso de *babuíno*, flor de *tesu*, casca de romã e catechu em proporções variáveis (100:0, 75:25, 50:50, 25:75 e 0:100). Foi provado que o pré-mordente utilizando 15% de *mirobolan* global seguido de sulfato de alumínio na proporção 75:25 é o sistema mais adequado para tingir tecido *khadi* de algodão branqueado com corante de casca de babuíno.

No caso da caraterização, (Gulrajani *et al.*, 2003) também realizaram uma pesquisa sobre corantes de madeira de sândalo vermelho que mostra um forte pico de absorção a 288 nm e absorção máxima a 504nm em solução de metanol a PH 10. (Arlene *et al.*, 2015) estudaram a extração de corantes de sementes de abacate utilizando EAU com absorvância da solução medida na gama de 470-500nm com um comprimento de onda de intensidade de cor máxima de 480nm em metanol. (Dabas *et al.*, 2011) realizaram uma experiência sobre a extração de cor da semente de abacate com espectros de absorvância visíveis registados entre 380nm e 700nm e um λ_{max} a 480nm a PH 11.

Com base nos parâmetros de absorção do corante, (A. K. Samanta et al., 2008b) efectuaram uma investigação sobre os parâmetros cinéticos e termodinâmicos do tingimento, tais como a afinidade do corante, a taxa de tingimento, as isotérmicas de absorção e o calor do tingimento (ΔH), a entropia do tingimento (ΔS) e a energia livre de Gibb (ΔG). Observou-se que todos estes processos de tingimento são endotérmicos. Os valores de ΔH foram positivos. Estes resultados indicam que o principal modo de tingimento de juta branqueada e tecidos de algodão ocorre principalmente através de ligações de hidrogénio. Além disso, os tecidos de juta e de algodão previamente tingidos com harda e $FeSO_4$ absorvem mais corante do que os tecidos de juta e de algodão previamente tingidos com harda e AL_2 (SO)$_{43}$ estudos cinéticos e termodinâmicos em tecidos de lã e de nylon com extrato etanólico de madeira de sândalo vermelho foram realizados por (Gulrajani et al., 2002). A taxa de absorção do corante, a isotérmica de adsorção, a afinidade padrão, a entalpia e o calor do tingimento foram calculados. Os resultados mostraram que a madeira de sândalo vermelho tem maior taxa de tingimento e afinidade pelo nylon do que a lã. Verificou-se que o processo de tingimento é endotérmico para a lã e exotérmico para o nylon.

Indicando que o mecanismo de tingimento do nylon e da lã é do tipo partição, como o dos corantes dispersos em tecidos hidrofóbicos. Outra investigação foi efectuada por (Arora et al., 2012) em tecido de lã com extrato de corante bruto de *A.nobilis.* Verificou-se que o processo de tingimento era exotérmico porque o calor do tingimento e a entropia eram negativos. Além disso, o corante extraído da *A.nobilis* apresentou uma boa afinidade para o tecido de nylon do que para a lã. O mecanismo de tingimento corresponde bem ao mecanismo de partição de corantes dispersos.

A partir da revisão da literatura acima mencionada, apercebemo-nos de que não foi realizado nenhum trabalho de investigação sobre tecidos naturais misturados com sida-rhombifolia no que diz respeito ao tingimento com corantes naturais. No nosso estudo atual, vamos lavar, esfregar e mordente o tecido misturado de sida-rhombifolia em preparação para o tingimento. Uma vez realizado este processo, procederemos à extração dos corantes naturais da madeira de sândalo vermelho e das sementes de abacate utilizando acetona e etanol como solventes, que serão utilizados para tingir o tecido tratado. Uma vez realizado o processo de extração, o tecido de mistura sida-rhombifolia tratado será tingido durante 180 minutos a uma temperatura de 60°C, 70°C e 80°C, respetivamente. Durante o processo de tingimento, a absorvância será medida num intervalo de 30 minutos utilizando um espetrofotómetro UV-Vis com o valor de extinção a 504nm λmax para a madeira de sândalo vermelho e 480nm λmax para o caroço de abacate até ao tempo de exaustão. Os diferentes valores de absorvância/exaustão obtidos serão posteriormente utilizados para avaliar parâmetros cinéticos e termodinâmicos como a absorção do corante, o calor e a entalpia de tingimento, a isotérmica de adsorção e a afinidade padrão. Embora estes estudos tenham um carácter demasiado científico, são úteis para compreender os critérios de absorvância UV-Vis, uma vez que estes são indicativos de muitas informações de aplicação, como o possível desvanecimento e o comportamento da absorvância sob luz UV, luz solar, etc. Por conseguinte, estes relatórios também são importantes.

CAPÍTULO DOIS

METODOLOGIA DE INVESTIGAÇÃO

2.1 INTRODUÇÃO

A aplicação de cores estéticas em tecidos envolve muitas abordagens diferentes, algumas das quais são o tingimento e a impressão. Os estudiosos descobriram formas de aplicar a cor a tudo, uma vez que a cor atrai o olhar e prende a atenção. Algumas destas cores vegetais naturais são boas não só para o ambiente, mas também para o utilizador. A maioria das partes das plantas, como raízes, folhas, casca, caule, frutos, etc., está a ser utilizada para produzir corantes. Na revisão da literatura, investigadores como Gupta, Vanker e muitos outros explicam a existência de corantes naturais, a sua classificação e aplicação. Esta investigação centra-se na extração e aplicação de dois conjuntos de corantes naturais obtidos a partir de sementes de abacate (*perseae americans)* e do caule de sândalo vermelho (*pterocapus santalinus*), popularmente conhecido em África como camwood (*baphia nitilda*).

2.2 MATERIAL E MÉTODOS

2.2.1 Materiais e reagentes

Nesta investigação, os corantes naturais de plantas foram extraídos utilizando métodos aquosos e solventes. Foram tidos em consideração os efeitos de diferentes concentrações de corante, mordente, PH, temperatura de tingimento, tempo de tingimento e rácio material-líquor. Todos os reagentes utilizados neste estudo, como o etanol, a acetona, o sulfato de alumínio, o carbonato de sódio, o vinagre, o sal comum e o hidróxido de sódio, eram de qualidade analítica e foram utilizados sem qualquer purificação adicional. As sementes de abacate foram obtidas de abacateiros comprados no mercado local de Douala, o pó de madeira de sândalo vermelho foi comprado a comerciantes de madeira e a fabricantes de caixões em *Metah* Quarters Bamenda, região Noroeste dos Camarões. A extração do corante, o processo de tingimento e o teste foram todos realizados no laboratório nacional politécnico de ciências alimentares em Bamenda, na região noroeste dos Camarões.

Quadro 2.1: Materiais e reagentes utilizados

NⱵ	NOME	QUANTIDADE	UNIDADE
1	Pó de madeira de sândalo vermelho	300	Gramas
	Sementes de abacate em pó	300	Gramas
	Sal comum	50	Gramas
	Vinagre	500	ml
	Carbonato de sódio	20	Gramas
	Sulfato de alumínio	50	Gramas
	Hidróxido de sódio	50	Gramas
	Etanol	1000	ml
	Água destilada	20	litros
	Acetona	500	ml

2.2.2 Conceção da investigação

De acordo com (BHARATH, 2021)um projeto de investigação é o quadro de inquéritos, técnicas e métodos seleccionados pelo investigador que melhor se adaptam ao tema em questão e alinham os seus estudos para o sucesso. O motivo do tema de investigação explica o tipo de inquéritos (experimental, inquérito, correlação, etc.) e, além disso, o seu subtipo (conceção experimental, estudo de caso descritivo e problema de investigação). Os três principais tipos de conceção de investigação envolvem a recolha, a medição e a análise de dados. O paradigma da investigação foi uma conceção quantitativa, o que determina a adequação de uma conceção de investigação experimental. Esta foi considerada adequada porque o estudo precisa de ser investigado utilizando dados registados através da manipulação sistemática e da observação dos resultados. A conceção da investigação experimental procura estabelecer uma relação de causa e efeito entre duas variáveis.

Fluxograma da conceção da investigação

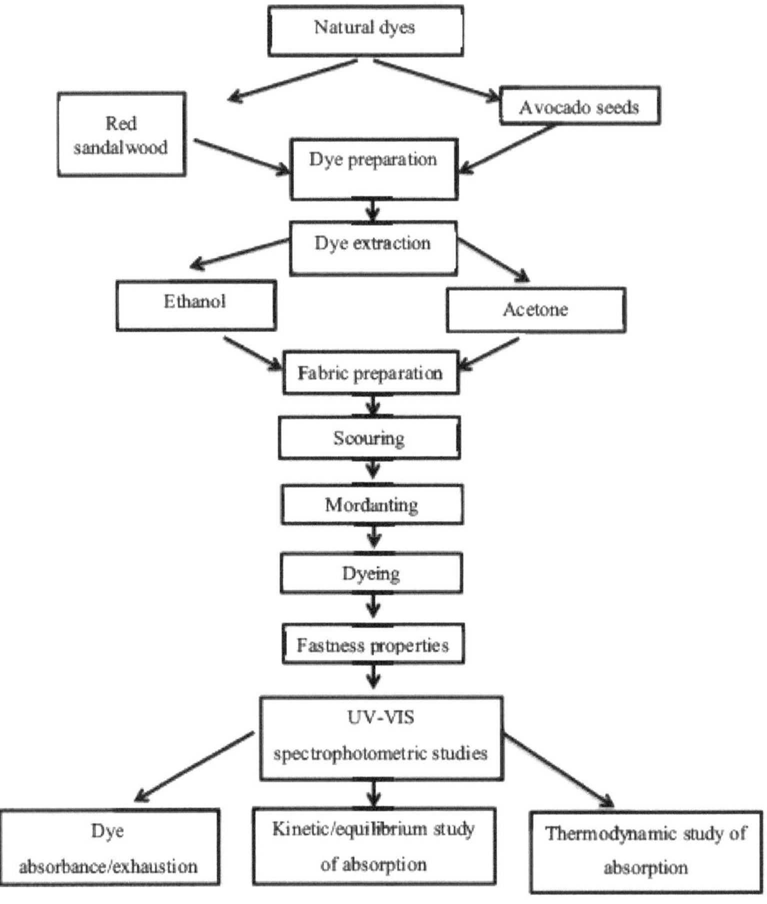

Figura 2.1: Fluxograma da conceção da investigação

2.3 CLASSIFICAÇÃO DOS TINTOS NATURAIS UTILIZADOS (Descrição das plantas)

2.3.1 Sementes de Abacate *(Persea Americana)*

Trata-se de uma árvore originária do centro-sul do México, classificada na família *das lauráceas*, com uma casca castanha-esverdeada, arroxeada ou preta quando rasgada

44

e com uma forma esférica semelhante a um ovo. Os frutos são normalmente colhidos quando estão maduros e amadurecem depois de serem mantidos durante dias. Tanto os caroços como as sementes colhidas são utilizados para tingimento natural de têxteis, produzindo um pigmento chamado *perseorangina*, de cor laranja, isolado no extrato de sementes com um composto fenólico. Abaixo encontra-se a estrutura química da composição fenólica do caroço de abacate.

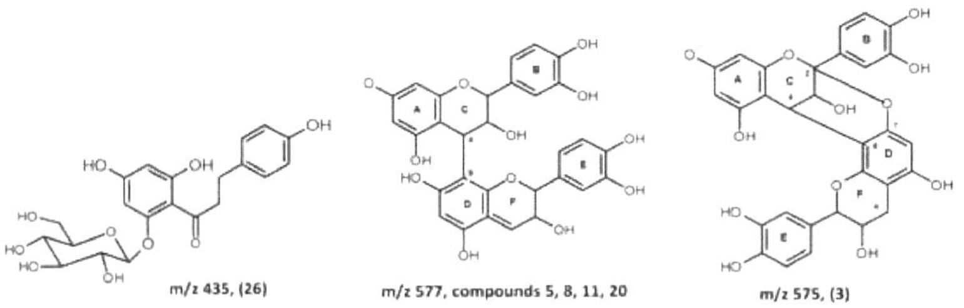

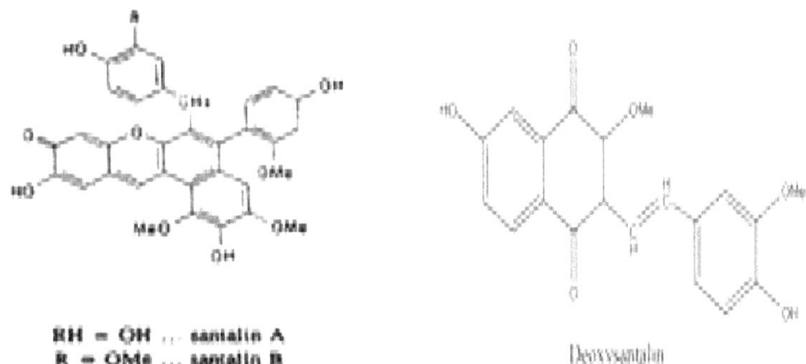

Figura 2.2: Estrutura química da composição fenólica da perseorangina

2.3.2 Sândalo vermelho (*Pterocapus Santalinus*)

O sândalo vermelho, popularmente conhecido em África como camwood (*baphia natilda*), é uma espécie de madeira de *pterocarpus* endémica da família das *faboideae* que produz cor vermelha com um pigmento, nomeadamente *santalina* A, B e *doxisantalina*. É uma árvore que cresce entre 8 e 15 metros de altura, com uma casca cinzenta escura, utilizada principalmente para mobiliário, esculturas, postes e estacas de casas, bem como para corantes. A estrutura química da madeira de sândalo vermelho é apresentada na figura 1:3 abaixo.

Figura 2.3: Estrutura química do componente colorido da madeira de sândalo vermelho

2.3.3 Preparação de extractos de plantas

As sementes de abacate foram separadas dos frutos e lavadas com água da torneira para remover as partículas de sujidade. As sementes foram depois raladas com um ralador de tambor de mesa HAODA de 3 mm para reduzir o tamanho das amostras e facilitar a secagem. As 832 gramas de amostras de abacate fresco ralado foram espalhadas num tabuleiro e colocadas numa estufa para secagem. As amostras foram secas numa estufa durante 24 horas a 70^0 c com controlo e pesagem contínuos até se obter um peso padrão de 306 gramas. As amostras de sementes de abacate secas foram então deixadas arrefecer durante 60 minutos, misturadas e peneiradas com uma peneira manual de fabrico local e armazenadas num recipiente bem fechado, em preparação para a extração. A percentagem de humidade da base seca foi calculada subtraindo o peso seco do peso inicial e dividindo-o pelo peso inicial multiplicado por 100.

$$\% \text{ humidade} = \frac{weight\ of\ wet\ sample - weight\ of\ dry\ sample}{weight\ of\ dry\ sample}\ X\ 100$$

$$\% \text{ humidade} = \frac{832 - 306}{306}\ x\ 100$$

% de humidade = 171,9%

Figura 2.4: Preparação do extrato corante de sementes de abacate

O pó de serradura de madeira de sândalo vermelho comprado a comerciantes de madeira, obtido através de lixagem e perfuração de buracos em mobiliário de design, foi exposto a secar ao ar durante uma semana, peneirado e armazenado num recipiente bem fechado, em preparação para a extração do corante.

Figura 2.5: Preparação do extrato corante de madeira de sândalo vermelho

2.4 EXTRACÇÃO DE CORANTES NATURAIS

As condições de extração adequadas requerem a implementação do custo de extração, bem como o tempo necessário, a temperatura e a razão de extração para um rendimento de cor padronizado e optimizado. As duas substâncias corantes que foram utilizadas neste estudo foram obtidas a partir de frutos de abacate e da casca de plantas

47

de sândalo vermelho. O material seco (sementes e madeira) foi moído até se tornar um pó muito fino e seco em bruto, pesado e extraído com solvente utilizando uma variedade de aparelhos de extração (Tablet Counter Soxhlet Extrator, banho-maria digital RE300DB e centrífuga eléctrica TDL-50). Foram utilizados diferentes solventes (como a acetona e o álcool) para a extração. Cada processo foi efectuado durante 3 horas em simultâneo. O solvente evaporou-se num prato de evaporação (copo) sobre um banho de água para obter o extrato de corante. É uma técnica muito viável em comparação com a extração aquosa porque o rendimento do corante é bom e a quantidade de água necessária é menor.

2.4.1 Extração de corante de sândalo vermelho (*Pterpcarpus santalinus*)

30g de amostra de pó de sândalo vermelho foram dissolvidos em 300ml de etanol (solvente) num copo de 1000mls a PH 8 com uma proporção de 1:10. Esta mistura foi mantida à temperatura ambiente durante 60 minutos para que a extração ocorresse e depois levada à ebulição a 70°C com agitação contínua durante 2 horas num banho-maria agitado digital RE300DB para que a evaporação do etanol ocorresse de modo a obter um extrato de corante semi-seco. O extrato corante foi retirado e substituído por um volume igual de solvente e de amostra de pó e o procedimento foi repetido mais duas vezes. Os extractos obtidos foram deixados arrefecer durante 30 minutos e depois centrifugados com um centrifugador elétrico TDL-50, sendo posteriormente filtrados com papel de filtro Whatman de grau 1 e o filtrado corante límpido obtido foi conservado para utilização   posterior.

Figura 2.6: Processo de extração com solvente (etanol) do sândalo vermelho

2.4.2 Extração de corante de sementes de abacate (*persea americana*)

Um conjunto de 3 experiências, cada uma composta por 30g de pasta de mistura de sementes de abacate com 300mls de acetona, foi misturado num copo de 1000mls utilizando uma espátula 3-4 vezes numa hora (60mins) a PH 7, ML:R 1:10 e depois sujeito a agitação num banho de água digital RE300DB para sonicação e evaporação da acetona durante 60mins a 70°C. Foram adicionados mais 2 vol de acetona e a mistura foi centrifugada utilizando o CENTRUFUGE ELÉCTRICO TDL-50. O sobrenadante foi recolhido e filtrado com papel de filtro Whatman de grau 1 e o filtrado de corante claro obtido foi guardado para utilização posterior.

Figura 2.7: Extração com solvente (acetona) de sementes de abacate

2.4.3 Otimização dos métodos de extração de corantes:

Foram experimentados métodos de extração de corantes como o aquoso e o solvente (álcool e acetona) para a extração de corantes das fontes seleccionadas. O método do solvente (álcool e acetona) foi considerado adequado para a extração dos corantes naturais, madeira de sândalo vermelho e sementes de abacate (Prabhavathi *et al.*, 2014).

2.5 TRATAMENTO DE TECIDOS MISTOS DE SIDA-RHOMBIFOLIA

2.5.1 SCOURING

O tecido de sida-rhombifolia foi submetido a um tratamento de lavagem para remover a cera natural e reduzir as impurezas não fibrosas, bem como para obter resultados uniformes e reprodutíveis nas operações de acabamento. O carbonato de sódio ($Na_2 CO_3$) foi utilizado para a lavagem. 26g de tecido sida-rhombifolia/modal foram pré-lavados com detergente suave. 2,6 litros de água destilada foram colocados numa panela de aço inoxidável e colocados num aquecedor para ferver a 90° C. Diluiu-se 0,5 g de carbonato de sódio em água fria para dissolver e adicionou-se à panela. O tecido de 26 g foi então submerso na panela de lavagem e agitado em intervalos de 30 minutos durante 2 horas, o queimador foi desligado e a água foi deixada arrefecer durante 30 minutos, depois o tecido foi enxaguado e seco antes da mordedura - ver Quadro 3:2 (Chhipa *et al.*, 2017).

Quadro 2.2: Sida-rhombifolia/modal de tecido lavado

Nº	Parâmetros	Valores
1	Tecido	26g
2	Carbonato de sódio (1-2% p.o.f.)	0.52g
3	Detergente	3g
4	Temperatura	90 C°
5	Tempo	120 minutos
6	M.L.R	1:100

2.5.2 PROCESSOS DE MORDEDURA

Foram utilizados procedimentos duplos de pré-ordenação utilizando sulfato de alumínio (Al_2So_4) e carbonato de sódio ($Na_2 CO_3$), vinagre e sal comum. Na pré-ordenação, o mordente foi adicionado a um copo contendo uma grande quantidade de água destilada para se dissolver e, em seguida, adicionado ao banho de mordente e levado à ebulição. O tecido mordente foi então submerso na solução e toda a mistura foi deixada a ferver durante 30 minutos a 90° C. Deixa-se arrefecer a solução, retira-se o tecido com cuidado e deixa-se secar ao ar para preparar a segunda mordedura. Este mesmo procedimento foi repetido para a segunda mordedura e o tecido foi então seco ao ar para ficar pronto para o tingimento subsequente. A pós-mordedura foi efectuada nas amostras durante os últimos 30 minutos do processo de tingimento, utilizando sulfato de alumínio e carbonato de sódio em ambos os banhos de tintura de madeira de sândalo vermelho e de sementes de abacate e também vinagre e sais comuns em diferentes banhos de tintura. Neste método, o mordente foi adicionado ao banho nos últimos 30 minutos do processo de tingimento, levantando os tecidos durante alguns segundos enquanto se misturava cuidadosamente o referido mordente no licor de tingimento para o dissolver. Em seguida, o tecido de sida-rhombifolia foi colocado de novo no banho e o processo de tingimento continuou durante 30 minutos a 60°C, 70°C e 80°C, sendo depois retirado, enxaguado e lavado (Kamel *et al.*, 2012). A Tabela 2.3 apresenta os parâmetros de mordente utilizados.

Quadro 2.3 Parâmetros de mordedura e respectivas medições

Nº	Mordente	Quantidade	Temp o	Temperatura	W.O.F	ML:R	pH
1	Alúmen e carbonato de sódio	20% e 5% de wof	30 minutos	80°C	6g	1:100	6
2	Vinagre e sal comum	1 parte de vinagre = 4 partes de água e 1g	30 minutos	90 C°	6g	1:100	7

2.6 APLICAÇÃO DE CORANTES NATURAIS

2.6.1 Processos de tingimento de tecidos mistos de sida-rhombifolia

Para realizar eficazmente os procedimentos de tingimento em relação ao desenho experimental, foram utilizadas medidas de controlo em todas as condições de tingimento. O processo de tingimento foi efectuado através da imersão de tecido misturado de sida-rhombifolia sem mordente em solução de banho de etanol-água aquecida a 60°C, 70°C e 80°C para madeira de sândalo vermelho e solução de banho de acetona-água para sementes de abacate, respetivamente, para descobrir se os corantes extraídos mostravam afinidade com a SRBF na ausência de mordente. O pH do extrato de sementes de abacate em acetona era neutro. Para obter a máxima absorvência/esgotamento dos corantes das sementes de abacate, os extractos foram, por conseguinte, tamponados a pH 9 antes do tingimento, mediante a adição cuidadosa de uma solução diluída de carbonato de sódio (Kechi *et al.*, 2013). A mistura foi levada a ferver num banho de água digital de acordo com a ausência de mordente, banhos de tingimento separados pré e pós-mordente utilizando uma solução aquosa de PH 10 para o sândalo vermelho e PH 8-9 tamponado para o caroço de abacate. O tempo de tingimento foi de 180 minutos, respetivamente, com um MLR de 1:10 para o RSW e de 10:10 para o caroço de abacate em diferentes gamas de temperaturas. Após o tingimento, os tecidos tingidos foram retirados do banho de tingimento, deixados a arrefecer, lavados suavemente com sabão da roupa para remover as partículas de corante soltas que aderiam à superfície do tecido, secos ao ar à temperatura ambiente, passados a ferro e armazenados para análise.

Banho de tintura de madeira de sândalo vermelho   Banho   de tinta de sementes de abacate

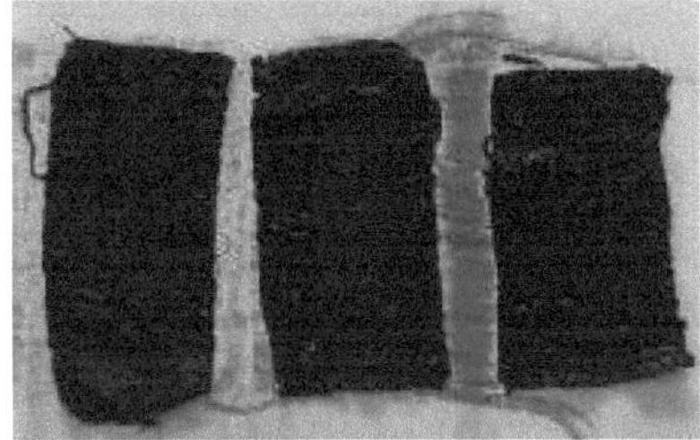

Tecido tingido com sândalo vermelho a 180 minutos Tecido tingido com sementes de abacate a 180 minutos

Figura 2.8: Diferentes banhos de tinta e respectivos tecidos tingidos

2.6.2 Otimização do tempo de extração do corante:

Para determinar o tempo ótimo de extração do corante, foram adicionados 1 grama de cada um dos três copos contendo 100 ml de água a diferentes temperaturas, a densidade ótica do licor de corante foi anotada após cada 30 minutos de ebulição durante 180 minutos.

2.7 CARACTERIZAÇÃO DE CORANTES NATURAIS

2.7.1 Estudo espetrofotométrico UV-VIS

O estudo espetrofotométrico ultravioleta-visível, que é um exame espetral utilizado para determinar a tonalidade e a absorvância de uma solução extraída aquosa ou não aquosa de um corante natural purificado, cuja zona UV e o visível variam entre 190 e 700 nm ou mais, indicando os picos e os vales em diferentes comprimentos de onda. Os picos e depressões na zona visível indicam a cor principal e a absorção, enquanto a zona ultravioleta, com ou sem picos, mostra a propriedade do corante à luz, que pode ser correlacionada com as propriedades de solidez.

2.7.2 Seleção do comprimento de onda adequado:

Verificou-se que um comprimento de onda de 288 nm a 504 nm para o pico e a calha dá uma densidade ótica máxima para a madeira de sândalo vermelho e que 380nm a 480nm dá uma densidade ótica máxima para as sementes de abacate. Os valores de pico e vale adoptados para esta investigação foram os de (Gulrajani *et al.*, 2002) para a madeira de sândalo vermelho e (Dabas *et al.*, 2011) para o caroço de abacate.

2.7.3 Estudo de absorvância/exaustão

Depois de obter a proporção do banho de corante, 2 ml da solução aquosa de corante preparada foram colocados numa cuvete de vidro do espetrofotómetro e a solução foi submetida a uma análise de comprimento de onda no espetrofotómetro V1000 numa gama de comprimentos de onda de 288 a 504 nm para a madeira de sândalo vermelho e de 380 a 480 nm para o caroço de abacate. Estes comprimentos de onda foram tomados na fase inicial do tingimento e depois continuados a 30, 60, 90, 120, 150 e 180 minutos, respetivamente, para cada temperatura de tingimento de 60°C, 70°C e 80°C para os corantes de sândalo vermelho e de caroço de abacate. Os valores correspondentes do comprimento de onda da absorvância foram então registados e mantidos no gráfico da absorvância em função do comprimento de onda.

2.7.4 Estudos cinéticos/equilíbrio

Para a medição da taxa de tingimento (cinética de tingimento), foi preparada uma dispersão aquosa de corante e o banho de corante de abacate foi tamponado com carbonato de sódio para dar um PH alcalino constante de 9. Os estudos de tingimento foram efectuados num tecido de mistura de sida-rhombifolia tingido durante um período de tempo variável entre 30 minutos e 180 minutos a 60°C, 70°C e 80°C, respetivamente, num banho de água digital RE300DB a PH 10 com MLR 1:10 para sândalo vermelho e PH 9 com MLR 10:10 para caroço de abacate. A absorção do corante foi medida em intervalos diferentes, avaliando o valor de extinção a 504nm λmax para o sândalo vermelho e 480nm λmax para o caroço de abacate num espetrofotómetro V1000 UV-Vis. Verificou-se que a absorção do corante aumentou no banho de corante com o tempo de contacto e, subsequentemente, equilibrou-se a 150 minutos, tanto para a madeira de sândalo vermelho como para o caroço de abacate. Uma vez atingido este equilíbrio, todos os sítios activos na superfície do adsorvente ficaram saturados, mas ocorreu nova adsorção. As concentrações iniciais e de equilíbrio do corante foram determinadas utilizando uma curva de calibração baseada na absorvância em λ_{max} (504 nm) versus a concentração de corante 0,05, 0,1, 0,02, 0,3, 0,4 e 0,5 na solução de corante padrão. A quantidade de corante adsorvido por grama de SRBF (mg/g) no tempo (q_t) e no equilíbrio (q_e) foi calculada por equações de relação de equilíbrio de massa, como se segue, em que

C_o é a concentração inicial de corante (mg/l), C_t é a concentração de corante (ml/l) no tempo t e C_e é a concentração de corante (ml/l) no equilíbrio. V é o volume da solução de corante (ml) e W é o peso do SRBF (gm) utilizado. Todas as experiências foram efectuadas em triplicado e os valores médios foram calculados para minimizar o erro aleatório (Chandravanshi & Upadhyay, 2014).

$$q_t = (C_o - C_t) \times \frac{V}{W} \qquad\qquad \text{-a}$$

$$q_e = (C_o - C_e) \times \frac{V}{W}$$
$$\text{-b}$$

Foram utilizados modelos de cinética de pseudo-primeira e segunda ordem para analisar os dados experimentais da cinética de absorção dos corantes RSW e AS no tecido de sida-rhombifolia.

$$\frac{dq_t}{dt} = k_1 (q_e - q_t)$$
$$- Eq\ 1.$$

K_1 é a constante de taxa de pseudo-primeira ordem e q_e e q_t são a quantidade de corante absorvida em mg/g de SRBF no equilíbrio e no tempo t, respetivamente. Após aplicar a concentração inicial, obtivemos a seguinte equação,

$$ln(q_e - q_t) = lnq_e - k_1t$$
$$- Eq\ 2.$$

2.7.5 Estudos termodinâmicos

Para os estudos termodinâmicos, o tingimento foi efectuado utilizando uma gama de concentrações de corante durante um período de 180 minutos a 60°C, 70°C e 80°C, mantendo a MLR e o PH iguais aos da cinética. O licor de corante do caroço de abacate foi tamponado em todos os casos para obter um pH alcalino e a quantidade de corante no tecido foi estimada utilizando o mesmo procedimento descrito na cinética. O banho de corante esgotado foi estimado através da avaliação do valor de extinção a 504nm λmax e 519nm λmax para a madeira de sândalo vermelho e o caroço de abacate, respetivamente. A partir dos resultados das concentrações de corante no licor esquerdo, o corante na solução (D_s) antes e depois do tingimento para um tempo específico de tingimento e a quantidade correspondente de corante esgotada no tecido (D_f) foram estimados pelo método de subtração. Estes resultados do par correspondente de D_s e D_f para diferentes casos foram utilizados para calcular os parâmetros termodinâmicos do tingimento, nomeadamente $-\Delta\mu$ (afinidade do corante), taxa de tingimento, ΔH (calor do tingimento), ΔS (entropia do tingimento) e ΔG (energia livre de Gibb). Também para traçar a isotérmica de adsorção de corantes para o estudo da cinética do tingimento (A. K. Samanta *et al.*, 2008b).

2.7.5.1 Afinidade do corante

A afinidade do corante ou afinidade química foi calculada utilizando a seguinte equação;

$$-\Delta\mu = R\ T\ \ln\ \{[D]\}_f\ /\ V[D]\ \}_s$$

-Eq 3.

Onde R é a constante universal dos gases (kj), T é a temperatura do tingimento em kelvin, $[D]_f$ o corante absorvido pelo tecido (g/kg), $[D]_s$ corante em solução (ml/l) e V o volume da fase interna do tecido (l/kg). O valor de V de um determinado tecido tomado é igual à recuperação de umidade desse tecido a 100% RH que foi 12.2 conforme relatado por (Moshi *et al.*, 2019).

2.7.5.2 Entalpia de tingimento

O calor ou entalpia (ΔH) do tingimento foi calculado utilizando a seguinte equação

$$[D]_f = \frac{T_2\,\Delta\mu_1 1 - T_1\Delta\mu_2}{T_1 - T_2}$$

-Eq 4.

Em que T1 é a temperatura inicial de tingimento, T2 é a temperatura final de tingimento, $\Delta\mu 1$ é a afinidade para $T1^\circ$ C e $\Delta\mu 2$ é a afinidade para $T2^\circ$ C.

2.7.5.3 Entropia e energia livre de Gibb

A entropia ou ΔS e a energia livre de Gibb têm a seguinte equação

$$-\Delta\mu = \Delta G = \Delta H - T\Delta S$$

-Eq 5.

Em que $-\Delta\mu$ é a afinidade do corante, ΔH é o calor ou entalpia do tingimento, T é a temperatura, ΔS a entropia do tingimento e ΔG é a energia livre de Gibb.

2.8 PROPRIEDADES DE SOLIDEZ

A solidez da cor é a resistência de um material à alteração de qualquer uma das suas características de cor ou à extensão da transferência dos seus corantes para o material branco adjacente em contacto, ou ambos, para diferentes condições ambientais e de utilização ou tratamentos como a lavagem, a limpeza a seco, etc., ou a exposição a diferentes agentes de calor, luz, etc. A solidez da cor é geralmente avaliada pela perda de profundidade da cor ou pela mudança de cor na amostra original, ou é frequentemente expressa por uma escala de coloração, o que significa que o material de acompanhamento é tingido (manchado) pela cor do tecido original quando tocado por meio de procedimentos de texto (A. K. Samanta & Agarwal, 2009).

2.8.1 Solidez da cor à lavagem

Colocou-se uma amostra tingida de 1 grama entre duas peças de amostra não tingida e estas três peças foram unidas por costura dos bordos. Este conjunto de três tecidos foi submerso num banho de sabão pré-aquecido, na proporção de 1:50 de água destilada, fervido durante 30 minutos, depois retirado, enxaguado em água fria e seco.

2.8.2 Solidez da cor à fricção

A resistência à fricção foi realizada com a utilização de tecido não tingido húmido e seco sobre um tecido tingido de 1 grama. O tecido tingido foi tensionado e a fricção foi efectuada enquanto se verificava o desbotamento da cor.

2.8.3 Solidez da cor à luz

O tecido foi exposto a uma lâmpada de 100kw durante 24 horas e a solidez da cor à luz foi avaliada comparando a mudança de cor da amostra exposta com a da amostra tingida original não exposta.

2.9 CONCLUSÃO

O estudo experimental de um conjunto de corantes naturais extraídos do caule da planta RSW e AS dos frutos da planta do abacate permitiu aos investigadores obter um conhecimento sobre o método sistemático e preciso de aplicação de corantes no tecido. As condições de extração adequadas, tais como a temperatura, o tempo, a proporção e o solvente, produziram resultados positivos no que diz respeito à extração. O tratamento aplicado ao SRBF juntamente com o mordente facilitou a absorção do corante pelo tecido durante o seu processo de aplicação, deixando o tecido com amostras estéticas, não tóxicas e decorativas. As medidas de controlo postas em prática durante a aquisição de densidades ópticas utilizando um comprimento de onda adequado num espetrofotómetro UV-Vis como varrimento espetral para determinar a absorvância ajudaram subsequentemente a facilitar a identificação de parâmetros cinéticos, de equilíbrio e termodinâmicos. Além disso, foram estudadas as propriedades de solidez do tecido tingido para determinar a resistência, a alteração e a transferência da cor para o tecido adjacente ou durante a exposição à luz e à lavagem.

CAPÍTULO TRÊS

RESULTADOS E DEBATES

3.1 VISÃO GERAL

No que diz respeito aos objectivos deste estudo, são apresentados e analisados os resultados de uma série de experiências realizadas na extração e tingimento do tecido SRBF com a utilização dos corantes RSW e AS. A discussão da absorvência/exaustão do tingimento, os parâmetros cinéticos/equilíbrio e termodinâmicos da absorção do corante serão interpretados. Além disso, serão apresentadas as várias propriedades de solidez dos corantes no SRBF.

3.2 APRESENTAÇÃO DOS RESULTADOS

A apresentação foi organizada de acordo com três objectivos principais, nomeadamente

- Extrair corantes naturais de sementes de abacate e de madeira de sândalo vermelho.
- Desenvolver métodos de tingimento de um tecido de mistura *sida-rhombifolia* utilizando corantes naturais.
- Efetuar estudos espectrofotométricos UV-VIS da absorção de corantes naturais num tecido de *sida-rhombifolia.*

3.2.1 Análise do rendimento do corante RSW

No que diz respeito ao 1st objetivo desta investigação, o rendimento corante da madeira de sândalo vermelho é um indicador do total de pigmentos extraídos da fonte vegetal que depende significativamente das características das plantas (colheita, tempo, etc.) e dos parâmetros utilizados no processo de extração (PH, temperatura, MLR, tempo). A Fig. 3.1 apresenta os extractos corantes da madeira de sândalo vermelho.

Figura 3.1: Extractos corantes da madeira de sândalo vermelho

3.2.2 Análise do rendimento do corante AS

O corante laranja apresentado abaixo foi obtido a partir de extractos de sementes de abacate de origem vegetal. As características das plantas e os parâmetros utilizados no processo de extração revelaram um valor de PH de cerca de 7, indicando uma gama neutra que é adequada para o tingimento de tecidos celulósicos e proteicos devido à sua natureza aniónica e à elevada concentração de electrólitos.

Figura 3.2: Extractos corantes de sementes de abacate

3.2.3 Análise do tratamento de tecidos mistos de sida-rhombifolia

O tratamento de lavagem dado ao tecido misturado de sida-rhombifolia, a fim de obter resultados nivelados e reprodutíveis nas operações de acabamento, e também os procedimentos de pré-mordedura dupla empregues, deram origem a 18 peças de 1g cada de tecido misturado de sida-rhombifolia de 7 cm por 3 cm, ver Fig. 3.3 abaixo.

Figura 3.3: Tecido lavado e mordente para tingir

Apresentação do SRBF tingido com corantes RSW

O segundo objetivo era desenvolver um método de tingimento de SRBF com a utilização de corantes RSW. O método direto de tingimento do SRBF através da imersão do tecido de sida-rhombifolia na solução de banho de etanol-água RSW a 60°C, 70°C e 80°C durante 180 minutos deu origem a uma paleta de cores única e unificada de 9 (nove) tons de vermelho profundo (três amostras de tecido SRBF sem mordente, três amostras de tecido mordente com alúmen + carbonato de sódio e três amostras de tecido SRBF mordente com ácido acético + cloreto de sódio). Foi referido que a pré-mordedura de tecidos de celulose com a utilização de 20% de alúmen e 5% de carbonato de sódio é o sistema mais adequado para tingir tecidos de caule com madeira de sândalo vermelho (A. K. Samanta *et al.*, 2008a). Por conseguinte, o mesmo sistema foi utilizado para este estudo com resultados evidentes, ver figura 3.4.

Tecido	60°C	70°C	80°C
Sem mordente			
$Al_2(SO)_{43}$ + Na_2CO_3			
$C H O_{242}$ +NaCl			

Figura 3.4: SRBF sem mordente tingido com corantes de sândalo vermelho a 60°C, 70°C e 80°C respetivamente a 180 minutos cada, $Al_2(SO_4)_3 + Na_2CO_3$ SRBF com mordente tingido a 60°C, 70°C e 80°C e $C_2H_4O_2 + NaCl$

SRBF tingido com mordente a 60°C, 70°C e 80°C, respetivamente

3.2.4 Apresentação do SRBF tingido com corantes AS

O método de tingimento direto efectuado através da imersão do tecido misturado de *sida-rhombifolia* na solução de banho de água-acetona aquecida a 60°C, 70°C e 80°C de sementes de abacate num banho de água digital, utilizando uma solução tamponada de PH 9 durante 180 minutos, respetivamente, a uma MLR de 10:10, deu origem à análise de nove (9) amostras tingidas de SRBF com cores pêssego variadas, dependendo do tipo de mordente utilizado. A partir dos resultados obtidos, é evidente que o mordente de alúmen é mais absorvente, enquanto o mordente de vinagre apresenta uma tonalidade suave e mais brilhante para tingir SRBF com a utilização de caroço de abacate, ver figura 3.5.

Tecido	60°C	70°C	80°C
Sem mordente		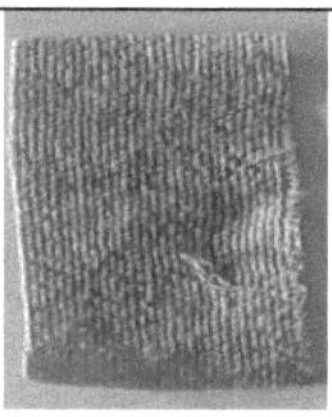	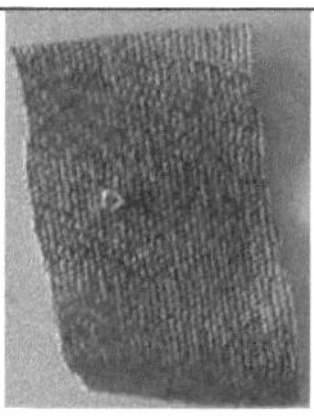
$Al_2(SO)_{43}$ + Na_2CO_3	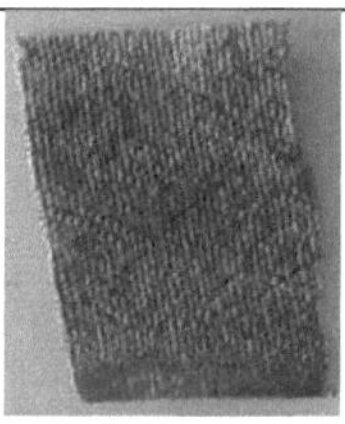		

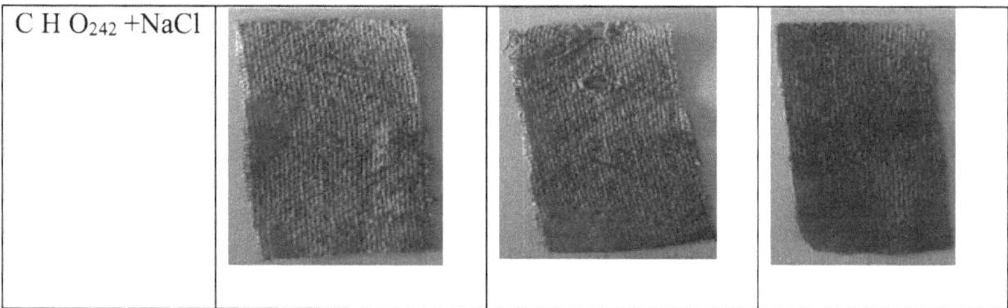

Figura 3.5: SRBF sem mordente tingido com corantes de caroço de abacate a 60°C, 70°C e 80°C respetivamente a 180 minutos cada, $Al_2(SO_4)_3 + Na_2CO_3$ SRBF com mordente tingido a 60°C, 70°C e 80°C e $C_2H_4O_2$ + NaCl SRBF com mordente tingido a 60°C, 70°C e 80°C, respetivamente

3.3 CARACTERIZAÇÃO DE CORANTES RSW E AS EM SRBF

3.3.1 Análise espectrofotométrica UV-Vis

3.3.1.1 Curva de calibração

(V. Gupta *et al.*, 2017) calcularam a quantidade de corante adsorvido num tecido utilizando a equação 1. Onde q_e é a quantidade de corante adsorvida no equilíbrio, C_o é a concentração inicial de corante na solução, C_e é a concentração final de corante no equilíbrio, M é a massa do adsorvente (g) e V é o volume da solução (ml). A concentração do corante foi calculada traçando uma curva de calibração no comprimento de onda de 504nm para os corantes RSW e 480nm para os corantes AS.

$$q_e = \left(\frac{C_o - C_e}{M}\right) \times V$$

b.

[rd]No que diz respeito ao objetivo deste estudo, as concentrações iniciais e de equilíbrio do corante foram determinadas utilizando uma curva de calibração (figura 3.6). As quantidades de corante RSW e AS adsorvidas no SRBF foram calculadas utilizando a equação 1. As concentrações de corante 0,05, 0,1, 0,2, 0,3, 0,4 e 0,5 foram calculadas traçando uma curva de calibração no comprimento de onda de 504 nm para o RSW e 480 nm para o AS, respetivamente, utilizando um gráfico de Lambert (figura 3.6). O coeficiente de determinação, também conhecido como R-quadrado (R^2), é uma medida estatística que representa a proporção da variância de uma variável dependente que é

explicada por uma variável independente. É determinado pela forma como o modelo de regressão se ajusta aos dados observados. Os valores de $R^2 = 0,9669$ para RSW e $R^2 = 0,9895$ para AS foram considerados "bons" porque os valores de R^2 que acompanharam a nossa curva de calibração são medidas da proximidade com que a nossa curva corresponde aos dados que gerámos a partir da concentração inicial e de equilíbrio do corante e quanto mais próximos os valores estiverem de 1,00, mais exatamente as nossas curvas representam a resposta do nosso detetor (Dolan, 2009).

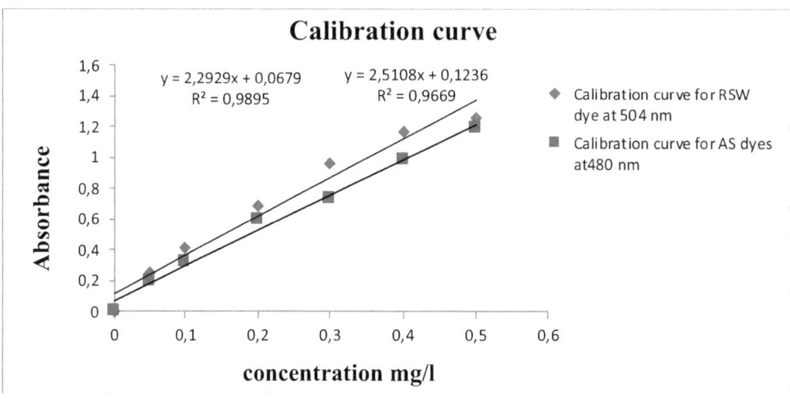

Figura 3.6: Curva de calibração para RSW no comprimento de onda de 504 nm para RSW e 480 nm para AS

3.3.1.2 Absorvância/Exaustão dos corantes RSW e AS no SRBF

A Figura 3.7-12 apresenta gráficos de absorção/esgotamento do corante obtidos a partir do banho de coloração utilizado em diferentes temperaturas de tingimento (60, 70 e 80°C) a PH 10 para RSW e PH 9 tamponado para AS. A SRBF sem mordente, com mordente $Al_2 (SO)_{43} + Na_2 CO_3$ e com mordente $C H O_{242} + NaCl$ foram tingidas em diferentes banhos de coloração para obter um rendimento independente. Observou-se fisicamente que o tingimento com o corante RSW extraído com etanol apresenta uma melhor taxa de absorvância com uma formação de cor vermelha unificada do que o tingimento com o corante AS extraído com acetona, que produziu uma paleta de cor pêssego. Isto está de acordo com o extrato etanólico de RSW para o tingimento de nylon e lã, que mostrou uma taxa de absorção mais elevada e afinidade para o nylon (Gulrajani *et al.*, 2002), e a semente de abacate, que dá uma taxa de absorção mais elevada em tecidos de algodão e seda tratados com mordente de alúmen devido aos flavonóides responsáveis pela cor encontrados na semente de abacate (BAI, 2017).

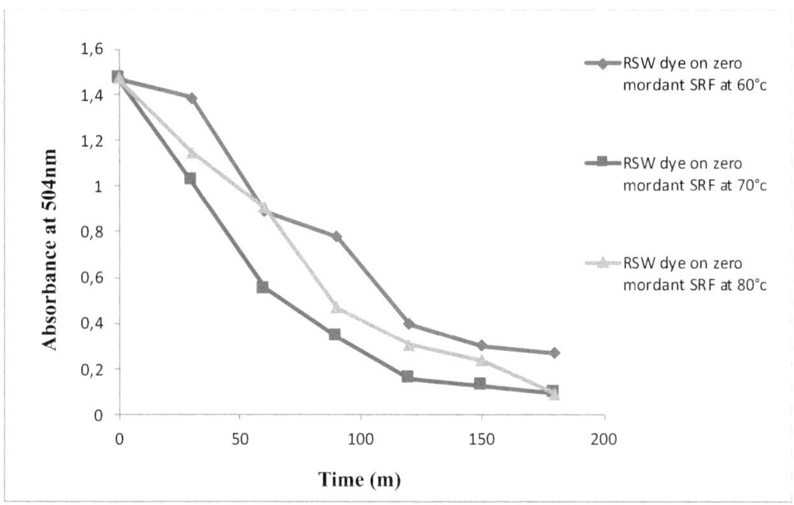

Figura 3.7: Curva de absorção/exaustão do corante RSW para SRBF sem mordente a 60°C, 70°C e 80°C

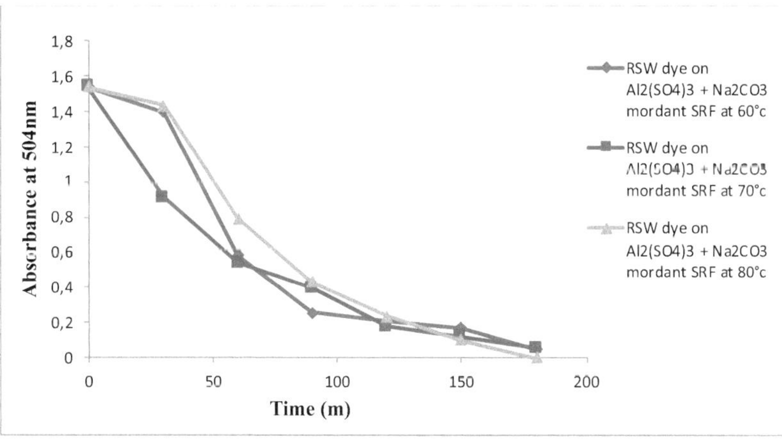

Figura 3.8: Curva de absorção/exaustão do corante RSW para $Al_2(SO_4)_3 + Na_2CO_3$ mordente SRBF a 60°C, 70°C e 80°C

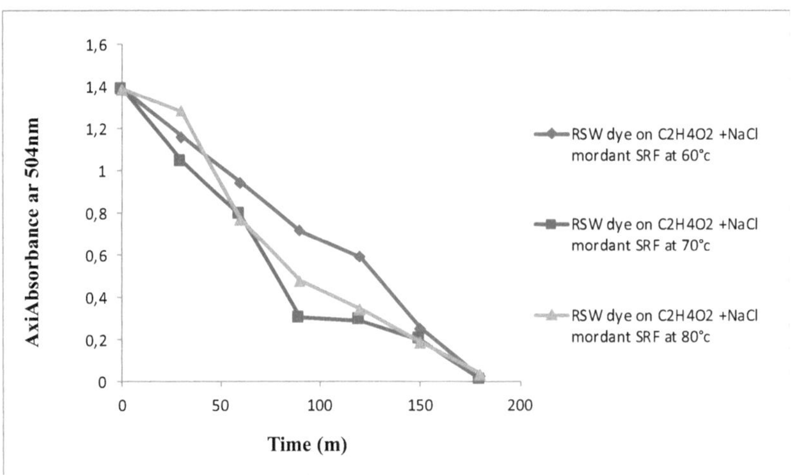

Figura 3.9: Curva de absorção/exaustão do corante RSW para $C_2H_4O_2 + NaCl$ mordente SRBF a 60°C, 70°C e 80°C

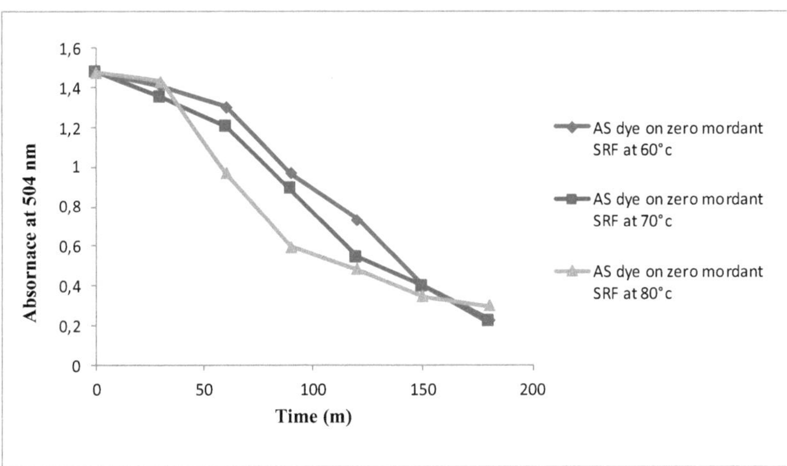

Figura 3.10: Curva de absorção/exaustão do corante AS para SRBF sem mordente a 60°C, 70°C e 80°C

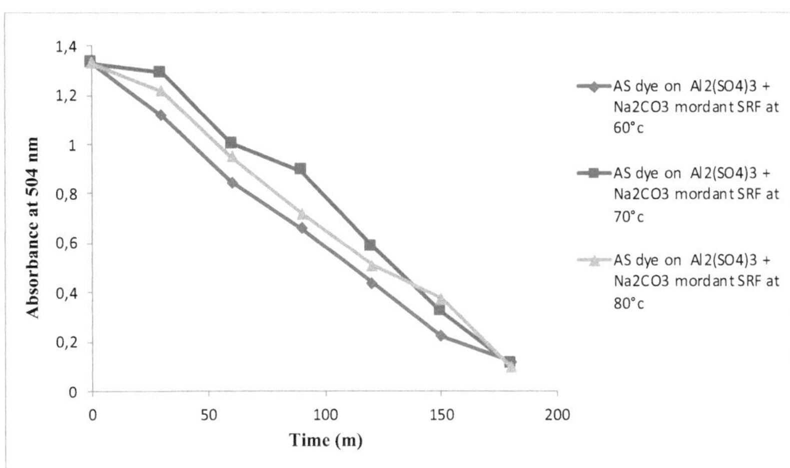

Figura 3.11: Curva de absorção/exaustão do corante AS para $Al_2(SO_4)_3 + Na_2CO_3$ mordente SRBF a 60°C, 70°C e 80°C

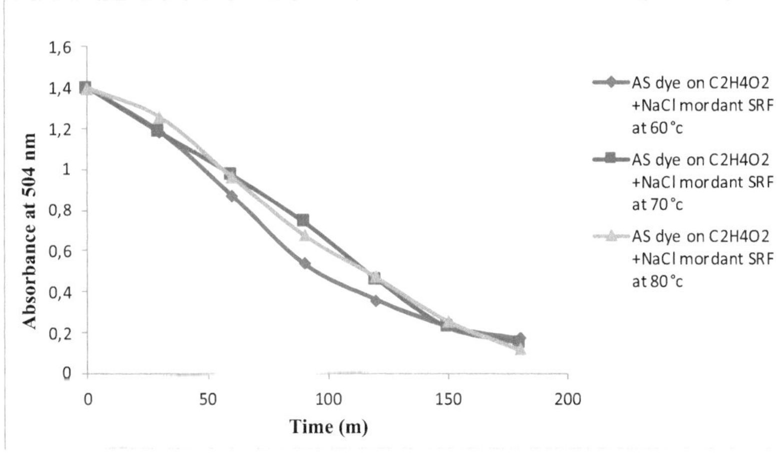

Figura 3.12: Curva de absorção/exaustão do corante AS para $C_2H_4O_2 + NaCl$ mordente SRBF a 60°C, 70°C e 80°C

3.3.1.3 Valores do grau de absorção/exaustão do corante

A Tabela 3.1 resume os valores experimentais do grau de absorção/esgotamento do corante obtidos a partir do banho de coloração utilizado em diferentes temperaturas de tingimento (60, 70 e 80°C) com amostras de material preparado pré-mordente tingidas em licores de corantes separados (sem mordente, $Al_2(SO_4)_3 + Na_2CO_3$ com mordente e $C_2H_4O_2$ + NaCl mordente e SRBF mordente) para os corantes RSW e AS (Bayerová *et al.*, 2016).

Al$_2$

Quadro 3.1: O valor do grau de exaustão do banho de corante para os corantes RSW e AS no SRBF

TINTURA DE MADEIRA DE SÂNDALO VERMELHO

SRBF	Temp	PH	Tempo (m)	Absorvância			Exaustão % banho de tinta
				q_e	q_t	$q - q_{et}$	
Sem mordente	60°C	10	180	1.471	0.27	1.201	81.64
	70°C	10	180	1.471	0.094	1.377	93.60
	80°C	10	180	1.471	0.089	1.382	93.94
$Al_2(SO_4)_3$ + Na_2CO_3 mordente	60°C	10	180	1.539	0.05	1.489	96.75
	70°C	10	180	1.539	0.056	1.483	96.36
	80°C	10	180	1.539	0.001	1.538	99.93
$C_2H_4O_2$ + NaCl SRBF mordente	60°C	10	180	1.385	0.025	1.36	98.19
	70°C	10	180	1.385	0.011	1.374	99.20
	80°C	10	180	1.385	0.037	1.348	97.32

CORANTE DE SEMENTES DE ABACATE

SRBF	Temp	PH	Tempo (m)	Absorvância			Exaustão % banho de tinta
				q_e	q_t	$q - q_{et}$	
Sem mordente	60°C	9	180	1.475	0.231	1.244	84.33
	70°C	9	180	1.475	0.217	1.258	85.28
	80°C	9	180	1.475	0.298	1.177	79.79
	60°C	9	180	1.327	0.121	1.206	90.88

				q_e	q_t		% absorption
$Al_2(SO_4)_3$ + Na_2CO_3 mordente	70°C	9	180	1.327	0.111	1.216	91.63
	80°C	9	180	1.327	0.101	1.226	92.38
$C_2H_4O_2$ + NaCl SRBF mordente	60°C	9	180	1.395	0.168	1.227	87.95
	70°C	9	180	1.395	0.148	1.247	89.39
	80°C	9	180	1.395	0.115	1.28	91.75

A percentagem de absorção do corante é calculada utilizando a equação 2, em que q_e é a densidade ótica do licor de corante antes do tingimento; q_t é a densidade ótica do licor de corante após o tingimento.

$$\% \text{ dye absorption} = \left(\frac{q_e - q_t}{q_e}\right) X\ 100 \qquad (6)$$

3.4 ESTUDOS CINÉTICOS

3.4.1 Cinética de tingimento

Os efeitos de diferentes mordentes no rendimento da cor e nos comportamentos de solidez para o tingimento de tecidos naturais como o algodão, a juta, o nylon e a lã, utilizando corantes naturais, foram relatados entre os diferentes sistemas simples e duplos de pré-mordente e pós-mordente estudados, com resultados que mostram o maior rendimento da cor obtido a partir de um sistema sequencial duplo de pré-mordente para tecidos de juta e algodão utilizando Al_2 (SO)$_{43}$, 20% de $FeSO_4$ ou 20% de harda do que os obtidos a partir de um sistema único de pré-mordente (A. K. Samanta *et al.*, 2008b). Também no caso do nylon e da lã utilizando madeira de sândalo vermelho, a lã tem uma absorvância mais elevada, uma vez que a santalina, que é o principal componente corante da RSW, é uma molécula não polar com maior afinidade para o nylon mais hidrofóbico do que para a lã menos hidrofóbica (Gulrajani *et al.*, 2002). Assim, no presente estudo, dezoito (18) amostras diferentes de SRBF, tanto sem mordente como com mordente diferente, mostraram que os diferentes efeitos do tingimento de SRBF com extractos de solvente de RSW e AS tiveram um rendimento de cor mais elevado obtido no caso de Al_2 (SO)$_{43}$ + Na_2 CO_3 SRBF com mordente duplo tingido com corantes RSW a 80°C, como se pode ver na tabela 3.1.

3.4.2 Taxa de tingimento

Foi determinada a absorção de corante pela SRBF a 108 minutos para diferentes temperaturas. O meio tempo de tingimento ($t_{1/2}$) foi calculado a 90 minutos. Observou-se que, à medida que o tempo de tingimento aumentou de 30 para 60 minutos, a absorção do corante também aumentou de 56,275 para 56,730 para o corante RSW e de 35,007 para 35,378 para o corante AS. Um novo aumento do tempo de 150 minutos conduziu a um maior aumento da absorção do corante. No entanto, observou-se uma absorção menos significativa do corante a partir daí, indicando que o equilíbrio do corante é alcançado à medida que o tempo de tingimento se aproxima do infinito.

3.5 ANÁLISE TERMODINÂMICA

3.5.1 Isotérmica de absorção

A estimativa quantitativa do corante no tecido e do que restou no banho de corante foi efectuada com os resultados traçados como isotérmicas de adsorção. Para prever a natureza da isotérmica mais adequada, foram utilizados dois modelos de sorção de corantes: as isotérmicas de Langmuir e de Freundlich, que definiram o modelo teórico para um sistema de conceção específico que serviria de base para o cálculo dos parâmetros termodinâmicos. Os resultados obtidos da experiência de medição da absorção dos corantes RSW e AS no SRBF a 60°C, 70°C e 80°C são apresentados na tabela 3.3 com a isotérmica. A equação de dois parâmetros mais utilizada para descrever o processo de adsorção é a equação de Langmuir, que mostra a forma linear da equação

$$\frac{C_e}{q_e} = \frac{1}{Q \times b} + \frac{1}{Q}\, C_e$$

Eq 7

Onde Q é a quantidade máxima de corante absorvido por unidade de peso de tecido em alta concentração de corante de equilíbrio C_e , q_e é a quantidade de corante absorvido por unidade de peso do tecido em equilíbrio e b é a constante de Langmuir relacionada com a afinidade da ligação. O valor de Q indica uma capacidade de adsorção limite prática quando a superfície está totalmente coberta com a molécula de corante. A isotérmica de melhor ajuste indica o mecanismo de partição do tingimento correspondente ao modelo linear com coeficiente de correlação $\mathbf{R^2 = 0,9895}$ para RSW e $\mathbf{R^2 = 0,9669}$ para AS de tecidos hidrofóbicos e hidrofílicos com corantes não iónicos. O declive da isotérmica aumenta com o aumento da temperatura para os corantes RSW e AS no SRBF. A aplicabilidade da isoterma de adsorção também foi observada por (Gulrajani et al., 2002) no tingimento de nylon e lã e também por (A. K. Samanta et al., 2008b) no tingimento de algodão e juta. Estas observações confirmam que o mecanismo de tingimento com corantes naturais não polares é semelhante ao dos corantes dispersos em tecidos sintéticos. O declive e a análise estatística da isotérmica de melhor ajuste são apresentados na figura 3.8.

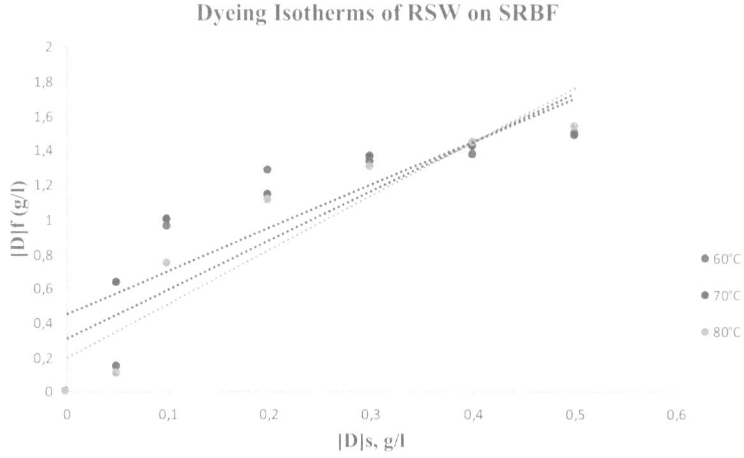

Figura 3.13: Isotérmicas de tingimento para corantes RSW em SRBF

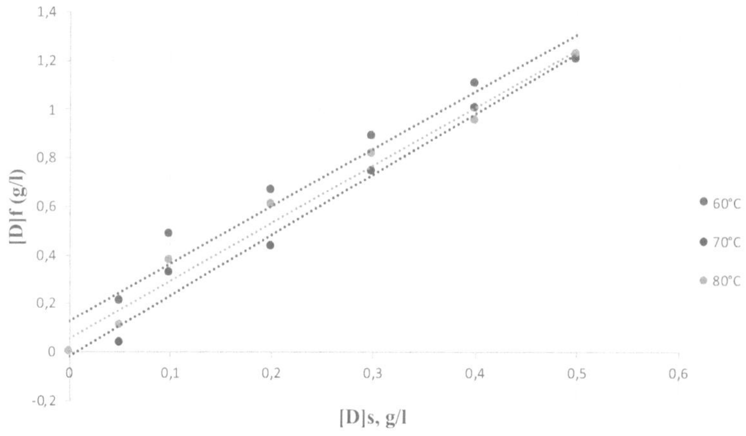

Figura 3.14: Isotérmicas de tingimento para corantes AS em SRBF

Quadro 3.2 Valores calculados dos parâmetros termodinâmicos para o SRBF

$[D]_f$, g/kg			$[D]_s$, g/l			$-\Delta\mu$, kJ/mol						ΔH kJ/mol	ΔS kJ/mol
						Com V			Sem V				
333.15	343.15	353.15	333.15	343.15	353.15	333.15	343.15	353.15	333.15	343.15	353.15		
SRBF com corante RSW													
1.201	1.377	1.382	0.27	0.094	0.089	10.51	14.21	14.81	9.4	12.36	12.5	11.45	105.27
1.489	1.483	1.538	0.05	0.056	0.001	15.77	15.91	28.3	14.12	13.82	23.89	21.89	201.16
1.36	1.374	1.348	0.025	0.011	0.037	17.44	20.34	17.31	15.61	17.67	14.62	13.39	123.07
SRBF com corante AS													
1.244	1.258	1.177	0.231	0.217	0.298	11.04	11.58	10.79	9.88	10.06	9.11	8.34	76.7
1.206	1.216	1.226	0.121	0.111	0.101	12.74	13.39	14.09	11.4	11.64	11.89	10.89	100.13
1.227	1.247	1.28	0.168	0.148	0.115	11.88	12.64	13.83	10.63	10.99	11.68	10.7	98.32

$[D]_f$ - con. de corante no tecido, $[D]_s$ - con. de corante em solução, $-\Delta\mu$ - afinidade do corante, ΔH - calor do tingimento, ΔS - entropia do tingimento e **V**- volume interno do tecido.

Quadro 3.3: Declive e parâmetros estatísticos das isotérmicas

Parâmetros	SRBF com corante RSW			SRBF com corante AS		
	60°C	70°C	80°C	60°C	70°C	80°C
Declive	0.008	0.007	0.009	0.006	0.007	0.006
SD	0.616	0.531	0.628	0.45	0.468	0.449
R	0.913	0.927	0.985	0.995	0.988	0.996
Interceção	0.156	0.32	0.051	0.028	-0.106	-0.037

DP - Desvio padrão e **R** - Coeficiente de correlação

3.5.2 Afinidade do corante

A afinidade do corante ($-\Delta\mu$) foi calculada usando a **Eq (3)** acima para SRBF com mordente duplo tingido com o uso de ambos os corantes RSW e AS a 60°C, 70°C e 80°C como apresentado na tabela 3.3 acima. Observou-se que a afinidade padrão em ambos os corantes aumentou com o aumento da temperatura (de 60°C para 80°C), conforme indicado na isoterma. Além disso, os valores de afinidade para o RSW foram superiores aos dos corantes AS com o valor mais elevado de 28,3KJ/mol^{-1} a 80°C. Foram efectuados estudos de afinidade de corantes em tecidos como o nylon tingido com RSW a temperaturas variáveis entre 70°C e 100° C com 27. 57KJ/mol^{-1} como valores obtidos, lã tingida utilizando *arnebia nobilis* a 70-90° C com 7-29KJ/mol^{-1} e algodão e juta utilizando jaca com 7,57KJ/mol^{-1} e 9,75KJ/mol^{-1} respetivamente (Gulrajani et al., 2002), (Arora et al., 2012), (A. K. Samanta et al., 2008b). Com base nestes estudos, observou-se que a madeira de sândalo vermelho tem uma maior afinidade nos tecidos celulósicos do que outros corantes naturais.

3.5.3 Entalpia (ΔH) ou (calor) de tingimento

Os valores dados do calor (ΔH) de tingimento foram calculados utilizando a Eq (4). O calor de tingimento do SRBF com os corantes RSW e AS é positivo, como se pode ver na tabela 3.3. Isso significa que o processo de tingimento é endotérmico; portanto, mais corantes serão absorvidos no equilíbrio com o aumento da temperatura.

3.5.4 Entropia (ΔS) do tingimento

A entropia (ΔS) do tingimento é o terceiro parâmetro dos estudos termodinâmicos. Os resultados dos valores obtidos na tabela 3.3 foram calculados utilizando a Eq 5. A entropia dos corantes no tecido é positiva, embora mais elevada, com 21,89KJ/mol^{-1} para os corantes RSW do que para os corantes AS. Mais uma vez, os valores de entropia para tingir nylon e lã utilizando RSW foram considerados positivos (Gulrajani et al., 2002)enquanto que o do *nobilis* na lã foi negativo -22,05KJ/mol $^{-1}$(Arora et al., 2012). Pode concluir-se que os valores positivos de entropia confirmam o aumento da aleatoriedade na interface sólido/solução durante a absorção, uma vez que os valores positivos de entalpia também confirmam que a adsorção é endotérmica por natureza.

3.6 PROPRIEDADES DE SOLIDEZ

A solidez da cor de qualquer produto têxtil é de importância considerável para o consumidor, uma vez que afecta diretamente a facilidade de utilização do tecido. Para investigar o efeito do mordente dos extractos RSW e AS no tecido tratado com SRBF e no tecido mordente, a sua solidez à luz, à lavagem e à fricção foram tradicionalmente conduzidas utilizando o processo manual. A mudança de cor e a coloração do SRBF foram determinadas para a luz, a lavagem, a fricção a seco e a húmido, tal como em (Agulei, 2016). A partir das técnicas de propriedades de solidez descritas acima; as taxas de solidez para SRBF mordente e não mordente tingidas com corantes RSW e AS são classificadas como muito boas a excelentes para solidez à fricção e lavagem (4/5-5), mas pobres para SRBF tingidas com RSW (2-3) e boas para SRBF tingidas usando AS para solidez à luz. Esta análise apresentada na tabela 3.2 imita a do tecido de algodão tingido com sementes de abacate por (Čuk et al., 2021) mas contrasta com o de lã e nylon tingido com madeira de sândalo vermelho por (Gulrajani et al., 2003).

3.6.1 Solidez da cor à lavagem

A maior coloração do tecido de celulose deve-se ao facto de, durante a lavagem, os corantes não fixados serem removidos, causando assim uma grande quantidade de coloração e a maior retenção de cor no tecido após a lavagem é obtida quando o extrato de corante é pós-misturado no tecido tingido (Agulei, 2016). A partir das técnicas de solidez à lavagem descritas na página 34 acima, o SRBF não mordente tingido com AS apresenta uma propriedade de solidez muito boa tanto para a coloração como para a mudança de cor (4-4), enquanto o SRBF tingido com RSW apresenta uma cor vermelha profunda ligeiramente diferente da sua cor tingida original na mudança de cor e uma excelente propriedade de solidez na coloração (4-5). Isto implica que os corantes têm substância e afinidade para o SRBF, o que permite que os auxocromos se difundam e dessorvam corretamente no tecido.

3.6.2 Solidez da cor à fricção

Neste controlo, as SRBF não-mordentadas tingidas com AS apresentaram uma solidez à fricção muito boa, variando de (4) para a fricção húmida, enquanto todos os tecidos pré/pós-mordentados apresentaram uma solidez excelente (5) para a fricção húmida e seca. Para o SRBF tingido com os corantes RSW, todas as três amostras de tecidos (sem mordente e com mordente) apresentaram uma classificação de solidez aceitável de muito boa a excelente (4-5) para a fricção húmida e excelente para a fricção seca (5). Como discutido anteriormente na secção de tingimento, o duplo pré-mordente e pós-mordente do SRBF emergiu como a melhor técnica de tingimento porque as propriedades de solidez obtidas podem ser atribuídas à absorção máxima das moléculas de corante nas fibras e à afinidade do mordente com a cor e o tecido. Estes resultados afirmam que os corantes RSW e AS com e sem mordente são bons para tingir SRBF.

3.6.3 Solidez da cor à luz

A resistência da cor ao desbotamento, mudança ou escurecimento sob a influência da luz é conhecida como solidez à luz. A análise da solidez à luz obtida a partir de SRBF expostos durante 24 horas a uma lâmpada de 100kw foi fraca para ambos os SRBF não-mordurados tingidos com RSW, mas boa para os corantes AS. Isto pode ser o resultado de uma fraca alteração cromofórica para dissipar a energia na estrutura do corante após a absorção da luz, tal como referido por *Gupta* na revisão da literatura. Para SRBF mordente, a solidez à luz foi classificada como má (2/3) para RSW e boa (3-4) para corantes AS.

Quadro 3.4: Solidez da cor do SRBF para RSW e AS

SRBF	Corante RSW			Corante AS		
	Solidez à luz	Solidez à lavagem	Solidez à fricção	Solidez à luz	Solidez à lavagem	Solidez à fricção

		CS	CC	húmido	seco		CS	CC	húmido	seco
Incomodado	2	4	4	3/4	4	3	4	4	4	5
Al$_2$(SO)$_{43}$ + Na$_2$CO$_3$ mordente	2/3	4/5	5	4	5	4	3/4	5	4/5	5
C H O$_{242}$ +NaCl mordente	2	4/5	5	4/5	5	4	4	5	5	5

3.7 Conclusão

A apresentação e discussão dos resultados basearam-se nos objectivos definidos. Os diferentes corantes extraídos foram apresentados e discutidos no que diz respeito ao rendimento de cor em SRBF lavados, não tingidos e tingidos com mordente, analisados com resultados reprodutíveis em operações de acabamento. A apresentação e a interpretação do tecido tingido conduziram à caraterização do tingimento, através da qual a quantidade de absorção do corante foi determinada pela concentração do corante a partir da curva de calibração, a absorvância/exaustão λmax determinada a partir do gráfico de absorvância e da tabela do grau de exaustão do corante, a taxa de tingimento obtida a partir de estudos de ordem pseudo 1st , parâmetros termodinâmicos como isotérmicas, entalpia e entropia da absorção do corante, que também diferenciaram a melhor absorção, indicando um aumento positivo na absorção do corante em relação ao aumento da temperatura. O efeito da temperatura na absorção do corante foi apresentado em estudos cinéticos, enquanto o equilíbrio foi utilizado para interpretar o efeito do PH. Além disso, o tecido foi analisado por ter uma melhor solidez à lavagem e à fricção do que à luz.

<u>CONCLUSÃO</u>

Para concluir, tingimos SRBF com a utilização de RSW extraído do caule da planta e corantes AS extraídos de sementes de abacate. Os estudos experimentais realizados após o processo de extração consistiram em determinar a reação do referido SRBF à temperatura, ao calor, ao tempo, à lavagem, à luz e à fricção. Também trabalhámos para obter a linearidade do corante no tecido em comparação com outros corantes e notámos, a partir dos nossos resultados, que é semelhante à dos corantes dispersos, uma vez que os corantes dispersos funcionam normalmente com a ajuda de agentes tensioactivos durante o processo de tingimento devido às suas moléculas polares. O nosso objetivo para este estudo foi resolver experimentalmente e analiticamente a libertação de resíduos nocivos que causam graves problemas de saúde devido aos produtos químicos tóxicos associados ao fabrico de corantes sintéticos e adotar a utilização de materiais ecológicos e biodegradáveis, bem como explorar o recente tecido natural que está a entrar na indústria têxtil no domínio do tingimento natural. Vimos exaustivamente o efeito da afinidade do corante, do calor do tingimento, da temperatura e do tempo nos estudos analisados. No nosso caso, desenvolvemos com sucesso uma técnica de tingimento experimental que nos ajudou a verificar a nossa hipótese e os nossos resultados provaram ser verdadeiros para ambos os corantes no tecido. Estes resultados confirmam os de (Gulrajani et al., 2002) no tingimento de nylon e lã e (A. K. Samanta et al., 2008b) no tingimento de algodão e juta. Estas observações confirmam que o mecanismo de tingimento com corantes naturais não polares é semelhante ao dos corantes dispersos em tecidos sintéticos.

A nossa investigação examinou três parâmetros que respondem às questões de investigação com resultados positivos variados.

➢ Em primeiro lugar, o método de extração dos corantes RSW e AS considerado adequado para tingir o SRBF foi o método de extração com solventes, porque nos deu um tom favorável de corante vermelho da extração com etanol do RSW e uma bela paleta de cor de pêssego da extração com acetona do corante AS.

➢ Em segundo lugar, os corantes foram aplicados diretamente no SRBF, tanto sem mordente como com mordente, utilizando um meio aquoso. A melhoria da tonalidade da cor dependeu dos iões metálicos (que actuam como ligação entre os substratos) no tecido.

Os dois conjuntos de corantes com dois PH, comprimento de onda e MLR distintos, temperaturas diferentes mas o mesmo tempo de tingimento deram resultados variados em termos de absorvância. A madeira de sândalo vermelho em meio aquoso-solvente apresentou uma melhor taxa de absorção com formação de cor vermelha unificada no tecido do que os corantes de sementes de abacate que produziram um tom de paleta de cor de pêssego.

➢ Para a caraterização dos corantes naturais com a utilização da análise espectrofotométrica UV-Vis, a absorvância/exaustão máxima foi de **99,93%** obtida a partir de RSW etanol: solução aquosa em $Al_2 (SO)_{43} + Na_2 CO_3$ SRBF mordente 1:10, PH 10 a 80°C durante 180 minutos. Considerando que a absorvância mínima/esgotamento foi de **79,79%** obtida a partir de SRBF não mordente tingido com corante AS a 1:1 durante 180 minutos a PH 9 e 80°C. A taxa de absorção de corante nos parâmetros cinéticos para ambos os corantes RSW e AS mostrou uma reação de pseudo 1ª ordem porque quando a concentração de corante variou, a taxa de absorção quase duplicou tornando-a uma reação de pseudo 1ª ordem. A absorção de corante no equilíbrio foi considerada mais elevada a 80°C. O calor de tingimento para os corantes RSW e AS foi endotérmico, uma vez que a absorvância aumentou com o aumento da temperatura e do tempo nos estudos termodinâmicos. A isoterma de melhor ajuste para o SRBF tingido é uma isoterma linear que indica um mecanismo de partição para o tingimento e os valores calculados para a afinidade do corante para ambos os corantes foram positivos, embora mais elevados, com $28,3KJ/mol^{-1}$ para o RSW do que para os corantes AS. A entalpia e a entropia do tingimento também foram positivas para ambos os casos, como se pode ver na tabela 3.3. Isto também confirma os valores de entropia para o tingimento de nylon e lã utilizando RSW por (Gulrajani et al., 2002) O SRBF também tem boas propriedades de resistência à lavagem e à fricção, mas uma fraca resistência à luz, que pode ser melhorada.

A pesquisa bibliográfica desta investigação indica que não foi relatado qualquer trabalho no domínio da extração e do tingimento de tecidos mistos de sida-rhombifolia com a utilização de corantes naturais. A problemática desta investigação, que se centrou então na extração e aplicação de corantes naturais na SRBF com a utilização de corantes de madeira de sândalo vermelho e de sementes de abacate, prova que, embora ambos os corantes sejam adequados para tingir a SRBF, a RSW extraída com etanol tem mais afinidade para a SRBF do que os corantes da AS extraídos do meio de acetona.

Limitações da investigação

Foram encontradas várias limitações durante este trabalho de investigação, algumas das quais são

- O espetrofotómetro UV-Vis era um espetrofotómetro manual que não podia produzir vários resultados de cada vez. Isto tornava o nosso tempo de trabalho consumível.

- O prazo previsto para a conclusão dos trabalhos foi alterado devido à crise ambazoniana em curso na região noroeste, uma vez que os trabalhos experimentais tiveram de ser efectuados em Bamenda.

Recomendações para estudos futuros

No que diz respeito ao resultado positivo deste estudo "Os estudos espectrofotométricos UV-Vis da absorção de corantes naturais num tecido misturado de sida-rhombifolia", podem ser efectuados mais estudos sobre ;

1.   A extração e aplicação de corantes RSW em SRBF a uma temperatura mais elevada de cerca de 100° C ou mais para obter a exaustão máxima do corante no tecido

2.   Devem também ser efectuadas investigações para melhorar as propriedades de solidez dos tecidos mistos de sida e romboifolia tingidos com RSW.

3.   Deve ser efectuada outra investigação sobre estudos cinéticos para obter o coeficiente de difusão e o raio de tecido do corante RSW no tecido misturado de sida-rhombifolia.

REFERÊNCIAS

Adeel, S., Ali, S., Bhatti, I. A., & Zsila, F. (2009). Tingimento de tecido de algodão utilizando extrato aquoso de romã (Punica granatum). *Jornal Asiático de Química, 21*(5), 3493.

Adeel, S., Rehman, F.-U., Rafi, S., Zia, K. M., & Zuber, M. (2019). Corantes naturais à base de plantas amigos do ambiente: Metodologia de extração e aplicações. Em *Planta e Saúde Humana, Volume 2* (pp. 383-415). Springer.

Ado, A., Yahaya, H., Kwalli, A. A., & Abdulkadir, R. S. (2014). Tingimento de têxteis com corantes naturais ecológicos: Uma revisão. *Jornal Internacional de Monitorização e Proteção Ambiental, 1*(5), 76-81.

Agulei, K. D. (2016). *Extração e aplicação de corantes naturais de Allium Burdickii em substrato de algodão* [Tese de Doutoramento]. Universidade de Moi.

Agwa, O., Uzoigwe, C., & Mbaegbu, A. (2012). Atividade antimicrobiana de corantes de camwood (Baphia nitida) em agentes patogénicos humanos comuns. *Jornal Africano de Biotecnologia, 11*(26), 6884-6890.

Arlene, A. A., Prima, K. A., Utama, L., & Anggraini, S. A. (2015). O estudo preliminar da extração de corante da semente de abacate usando extração assistida por ultrassom. *Procedia Chemistry, 16*, 334-340.

Arora, A., Gulrajani, M., & Gupta, D. (2009). *Identificação e caraterização de Ratanjot (Arnebia nobilis Reichb. F.)*.

Arora, A., Gupta, D., Rastogi, D., & Gulrajani, M. (2012). *Cinética e termodinâmica do corante extraído de Arnebia nobilis Rech. F. em lã.*

Babel, S., Sharma, S., & Rajvanshi, R. (2015). Impressão em bloco com corante reativo usando alginato de sódio. *Man-Made Textiles in India, 43*(6).

BAI, S. K. (2017). *Extração e Aplicação de Corantes de Abacate em Tecidos Ecologicamente Corretos Utilizando a Técnica Batik. 8*, 23.

Bayerová, P., Hajdová, Z., Burgert, L., & Černỳ, M. (2016). Aplicação de novos tipos de agentes sequestrantes para colorir o algodão com os corantes reativos em água dura. *Artigos científicos da Universidade de Pardubice. Série A, Faculdade de Tecnologia Química. 22/2016.*

BHARATH, J. (2021). CONCEPÇÃO DA INVESTIGAÇÃO. *INVESTIGAÇÃO EDUCACIONAL AVANÇADA E ESTATÍSTICA*, 39.

Chakrabarti, R., & Vignesh, A. (2012). Natural Dyes: Aplicação, Identificação e Normalização. *Artigo, Www. Fibre2fasion. Com. 14 de março.*

Chandravanshi, S., & Upadhyay, S. (2014). Estudos cinéticos, de equilíbrio e termodinâmicos de adsorção de corante natural terminalia arjuna em algodão na presença de surfactante catiónico. *Int. J. Fiber Text. Res, 4*, 20-26.

Chhipa, M. K., Srivastav, S., & Mehta, N. (2017). Estudo do tingimento de tecido de algodão usando corantes naturais de vagem de amendoim usando Al2SO4, CuSO4 e FeSO4 Mordanting Agent. *Jornal Internacional de Pesquisa Ambiental e Agrícola, 3*, 36-44.

Chutima, S., Vichitr Rattanaphani, & Saowanee Rattanaphani. (2007). *Estudo espetroscópico UV-Vis de corantes naturais com alúmen como mordente.*

Čuk, N., Šala, M., & Gorjanc, M. (2021). Desenvolvimento de tecidos de algodão antibacterianos e de proteção UV usando resíduos de alimentos vegetais e extratos de plantas invasoras alienígenas como agentes redutores para a síntese in-situ de nanopartículas de prata. *Cellulose, 28*(5), 3215-3233.

Dabas, D., Elias, R. J., Lambert, J. D., & Ziegler, G. R. (2011). Um extrato de semente de abacate colorido como um potencial corante natural. *Journal of Food Science, 76*(9), C1335-C1341.

Dolan, J. W. (2009). Curvas de calibração, parte II: Quais são os limites? Como é que a relação sinal-ruído e a imprecisão estão relacionadas? *LC-GC América do Norte, 27*(4), 306-310.

Dydimus Efeze, N., Babu, M., ebénézer, N., & Vrushabhendrappa, Y. (2012). Sida rhombifolia-Uma fibra natural boa para a indústria têxtil e artesanal. *Textile Asia, 43,* 16-19.

Efeze, D., Akono, N., Ignatius, N. A., Ebenezer, N., Babu, M., & Rodulf, Z. (2018). Estudos sobre propriedades bacterianas antibacterianas da planta SIDARHOMBIFOLIA. *Revista Internacional de Pesquisa Atual, 10*(10), 74412-74415.

Geetha, B., & Sumathy, V. J. H. (2013). Extração de corantes naturais de plantas. *Revista Internacional de Química e Ciências Farmacêuticas, 1*(8), 502-509.

Gulrajani, M., Bhaumik, S., Oppermann, W., & Hardtmann, G. (2002). *Estudos cinéticos e termodinâmicos sobre o sândalo vermelho.*

Gulrajani, M., Bhaumik, S., Oppermann, W., & Hardtmann, G. (2003). *Tingimento de madeira de sândalo vermelho em lã e nylon.*

Gupta, V., Agarwal, A., Singh, M., & Singh, N. (2017). Remoção do corante Red RB de uma solução aquosa por adsorvente de carvão vegetal de casca de belpatra (BBC). *J. Mater. Environ. Sci, 8,* 3654-3665.

Gupta, V. K. (2019). Fundamentos de corantes naturais e sua aplicação em substratos têxteis. *Química e Tecnologia de Corantes e Pigmentos Naturais e Sintéticos,* 2019.

Iqbal, K., Javid, A., Rehman, A., Rehman, A., Ashraf, M., & Abid, H. A. (2020). Tingimento de banho único de tecidos misturados de nylon / algodão modificados usando corantes diretos / ácidos. *Tecnologia do Pigmentos e Resinas.*

Jadhav, J. P., & Phugare, S. S. (2012). Corantes têxteis: Informações gerais e aspectos ambientais. *Non-Conventional Textile Wastewater Treatment. Nova Science, Nova Iorque,* 1-345.

Jothi, D. (2008). Extração de corantes naturais da flor de calêndula africana (Tagetes erecta L.) para coloração têxtil. *Jornal de Investigação Autex, 8*(2), 49-53.

Kamel, M., Helmy, H., Shakour, A. A., & Rashed, S. (2012). Os Efeitos do Ambiente Industrial na Solidez da Cor à Luz dos Fios de Lã Mordida Tingidos com Corantes Naturais. *Research Journal of Textile and Apparel.*

Kechi, A., Chavan, R., & Moeckel, R. (2013). Rendimento do corante, força da cor e propriedades de tingimento de corantes naturais extraídos de plantas de tingimento da Etiópia. *Ciência e Tecnologia dos Têxteis e da Indústria Ligeira, 2*(3), 137-145.

Kumar, B., & Cumbal, L. (2016). UV-Vis, FTIR e estudo antioxidante de folhas e frutos de Persea americana (abacate): Uma comparação. *Revista de La Facultad de Ciencias Químicas*, *14*, 13-20.

Mansour, R. (2018). Corantes e pigmentos naturais: Extração e aplicações. *Manual de materiais renováveis para coloração e acabamento*, *9*, 75-102.

Mathur, J., Mehta, A., Kamawat, R., & Bhandari, C. (2003). *Use of neem bark as wool colourant-Optimum conditions of wool dyeing.*

Mejouyo, P., Nkemaja, E. D., Beching, O., Tagne, N., Kana'a, T., & Njeugna, E. (2020). Propriedades físicas e de tração do papel feito à mão Sida rhombifolia. *Jornal Internacional de Biomateriais*, *2020*.

Moshi, A. A. M., Ravindran, D., Bharathi, S. S., Suganthan, V., & Singh, G. K. S. (2019). Caracterização de novas fibras celulósicas naturais - uma revisão abrangente. *Série de conferências IOP: Ciência e Engenharia de Materiais*, *574*(1), 012013.

Munagapati, V. S., Wen, H.-Y., Vijaya, Y., Wen, J.-C., Wen, J.-H., Tian, Z., Reddy, G. M., & Raul Garcia, J. (2021). Remoção de corantes aniónicos (Acid Yellow 17 e Amaranth) utilizando pó de semente de abacate aminado (Persea americana): Adsorção/dessorção, cinética, isotermas, termodinâmica e estudos de reciclagem. *International Journal of Phytoremediation*, 1-13.

Prabhavathi, R., Devi, A. S., Anitha, D., & outros. (2014). Melhorando a solidez da cor dos corantes naturais selecionados no algodão. *IOSR Journal of Polymer and Textile Engineering*, *1*(4), 21-26.

Prabhu, K. H., & Bhute, A. S. (2012). Corantes naturais e mordentes à base de plantas: A Review. *J. Nat. Prod. Plant Resour*, *2*(6), 649-664.

Samanta, A. K., & Agarwal, P. (2009). *Aplicação de corantes naturais em têxteis.*

Samanta, A. K., Agarwal, P., & Datta, S. (2008a). *Tingimento de juta com misturas binárias de madeira de jaca e outros corantes naturais - Estudo do desempenho da cor e da compatibilidade do corante.*

Samanta, A. K., Agarwal, P., & Datta, S. (2008b). *Estudos físico-químicos sobre o tingimento de tecidos de juta e algodão utilizando extrato de madeira de jaca: Parte II - Cinética de tingimento e estudos termodinâmicos.*

Samanta, P. (2020). Uma revisão sobre a aplicação de corantes naturais em tecidos têxteis e sua estratégia de revitalização. *Chemistry and Technology of Natural and Synthetic Dyes and Pigments (Química e Tecnologia de Corantes e Pigmentos Naturais e Sintéticos).*

SANCHIHER, L., & BABEL, S. (2017). AJHS. *Asian Journal of Home Science*, *12*(2), 637-641.

Sanni, D. M., & Omotoyinbo, O. V. (2016). Triagem fitoquímica, efeitos inibitórios da tirosinase e cinética de extratos de corante de madeira de came. *Adv Biochem*, *4*(2), 16-20.

Shindy, H. (2016). Noções básicas de química de cores, corantes e pigmentos: Uma revisão. *Chem. Int*, *2*(29), 2016.

SINGH, K., KUMAR, P., & SINGH, N. (2019). *CORANTES NATURAIS: UMA SOLUÇÃO ECOLÓGICA EMERGENTE PARA AS INDÚSTRIAS TÊXTEIS.* 87-94.

Singh, R., & Srivastava, S. (2017). Uma revisão crítica sobre a extração de corantes naturais das folhas. *Revista Internacional de Ciências Domésticas*, *3*(2), 100-103.

Sinnur, H., Verma, D., & Samanta, A. K. (2021). *Compatibilidade da mistura binária de corantes naturais para o desenvolvimento de tons compostos para tecido de algodão khadi.*

Vankar, P. S. (2000). Química dos corantes naturais. *Resonance*, *5*(10), 73-80.

I want morebooks!

Buy your books fast and straightforward online - at one of world's fastest growing online book stores! Environmentally sound due to Print-on-Demand technologies.

Buy your books online at
www.morebooks.shop

Compre os seus livros mais rápido e diretamente na internet, em uma das livrarias on-line com o maior crescimento no mundo! Produção que protege o meio ambiente através das tecnologias de impressão sob demanda.

Compre os seus livros on-line em
www.morebooks.shop

info@omniscriptum.com
www.omniscriptum.com